防不胜防

危险生物轻图鉴

[日]加藤英明 编
[日]佐野翔 绘
黄劲峰 译

CNS 湖南少年儿童出版社 HUNAN JUVENILE & CHILDREN'S PUBLISHING HOUSE ·长沙

防不胜防!

危险生物轻图鉴

序言

世界上有许多危险的生物。在历史长河中，生物们为了在激烈的生存竞争中胜出，进化出了各自的武器。如果我们靠近了危险生物的“领地”，又或者是试图抓住它们，它们就会露出凶残的一面。

当今世界，由于人类活动、气候环境等因素的影响，生物迁移的进程加快了。牙齿锋利的狮子、身怀剧毒的眼镜蛇，还有其他对人类而言非常危险的生物，都可能出现在大家的眼前。

多年来，我一直在研究世界各地的生物，也见过许多危险生物，但我从来没有因为它们而身陷险境——因为我知道危险生物会在什么状况下发起进攻。所以，最重要的是，我们要清楚地了解什么是危险生物，在面对危险生物时千万不能放松警惕。

了解危险生物后，我们便能意识到，它们不是我们的敌人，而是我们同在自然界的朋友。

生物学者

加藤英明

如何阅读这本书

漫画

我们会用漫画的形式介绍危险生物的生活。

特征

我们会用图片展示每一种危险生物的特征，尤其是它的惊人之处及危险的“武器”。

危险生物的名字

这里会介绍危险生物的名字。

小知识

这里会揭露危险生物的小秘密。
你想不想成为熟知危险生物的小学者呢?

小贴士

这里记载着分类、大小、主要分布地区等信息。
（此处数据为该物种的一般体形数值。注）

这本书的导读小帮手

箭毒小蛙是一只雄性草莓箭毒蛙，为了见识各种各样的危险生物，现在正在环游世界。它自己其实也有剧毒。

注 取决于对应物种亚种数量及测量的个体，部分数据范围较大。

目录

第三章 有点可怕的危险生物 …… 132

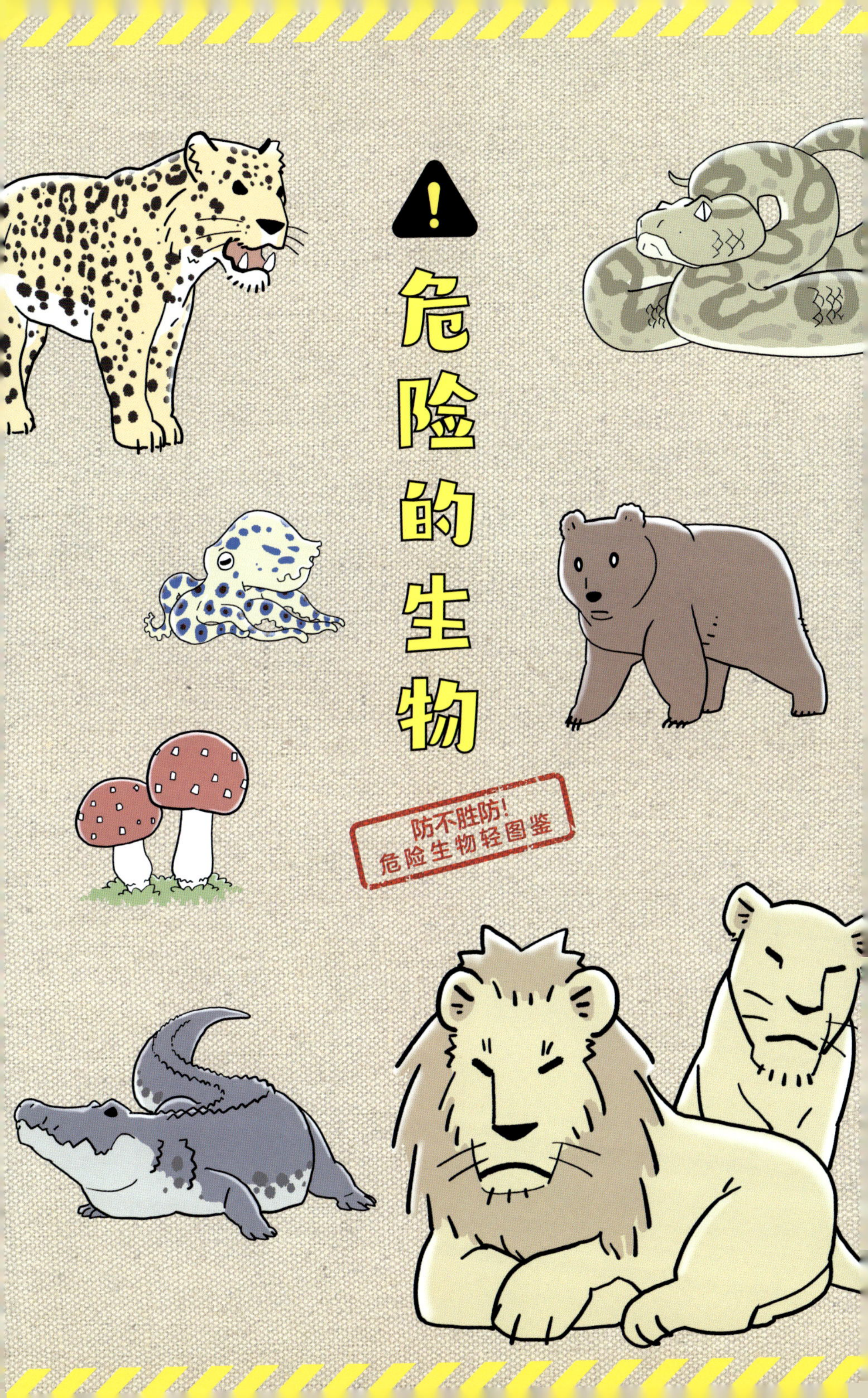
危险的生物
防不胜防！
危险生物轻图鉴

到底哪里危险？

危险生物或是有锋利的牙齿、爪子，或是有剧毒，或是有巨大的体形、可怕的力量，以此来攻击敌人。

植物虽然看起来并不危险，但有些长着锐利的刺，有些能让人中毒。

此外，有些危险生物还是传染病病毒和寄生虫的载体。

由此可见，危险生物的“武器”是多种多样的。

科莫多巨蜥

野猪、猴子、鹿等都是科莫多巨蜥的猎捕对象，有时它甚至会捕食同类。

非洲象

在非洲象庞大的身躯面前，就算是汽车也会被掀翻。

什么时候会变得危险？

有些动物虽然平时性格温驯，然而一旦它们自身或它们的孩子遭遇危险，就算是面对比自己体形还大的生物，它们也会不顾一切奋起反击。

还有一种情况，就是当动物们不小心接近人类，在感受到威胁时，它们也会袭击人类。

动物们身上的尖牙利爪、剧毒等攻击性武器，只是用来保护自己或者获取食物的“工具”，并非天生针对人类。

豪猪

豪猪平时性格温驯，但遇到敌人时，背上的尖刺可会让对手不好过。

射毒眼镜蛇

射毒眼镜蛇会瞄准敌人的眼睛喷射毒液。

第一章

超可怕的危险生物

危险度

p.014

巨大的嘴巴！
长长的尖牙！

危险之处大发现！

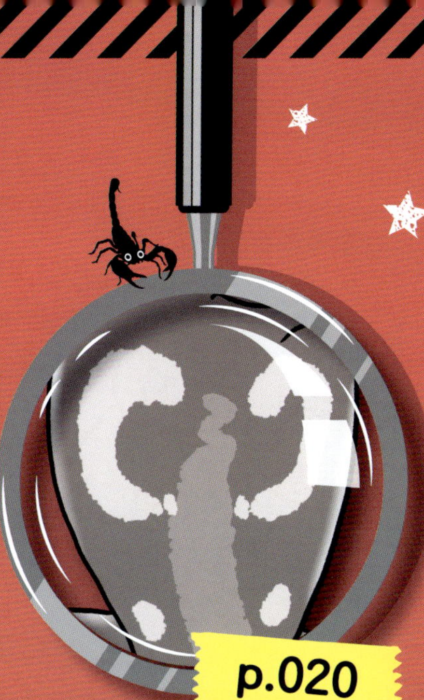

p.020

这巨大的披风，好像国王的华丽服饰！

p.046

这些“绳子”，到底哪里危险呢？

p.030

三角形的尖牙竟然有好几排……

生物 ⚠ 危险生物 ⚠ 危险生物 ⚠ 危险生物 ⚠ 危险

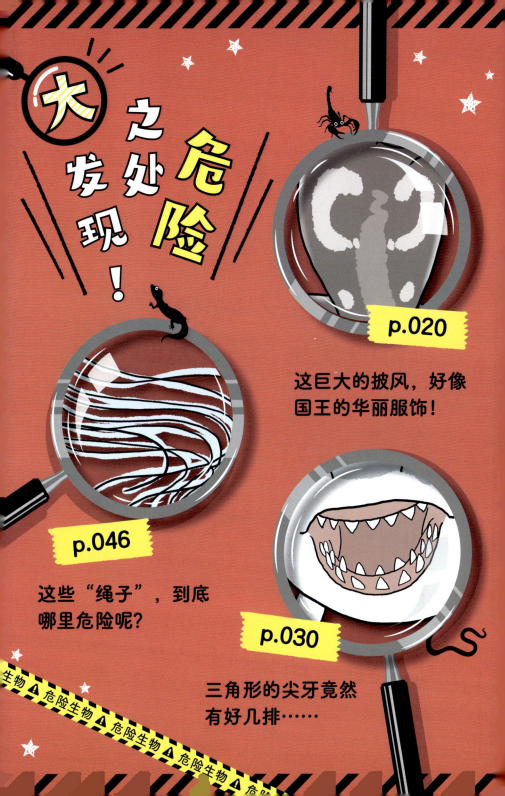

危险度!!!

档案 1

百兽之王

狮子

锋利的牙齿
咬合力可达 600 千克

负责狩猎的都是雌狮

狮子被称为动物界的王者，雄狮漂亮的鬃毛更是让它看起来威风凛凛。然而，外出捕猎、带回食物却是雌狮的工作，雄狮的工作则是保护自己的族群。

小贴士

- 分类：猫科
- 体长：1.4~2.5 米
- 体重：120~250 千克
- 分布：亚洲、非洲
- 危险：尖牙、利爪

雌狮们会相互合作，
十几只一起狩猎。

吃什么呢？

听说，你吃过那个？
啊，没错，我吃过。
不知为何，现在突然又想吃了。
你们在说什么呀？
在说吃什么好呢。
在过去，曾经有狮子吃人的事件发生。

我没有偷懒！

百兽之王，狮子。
嗷
嗷
嗷
嗷
族群中负责狩猎的，全是雌狮。
这样啊……
你这是什么表情？我们雄狮可是在守护整个族群！
我没有偷懒！

小知识 与大狮子不同，小狮子无论雌雄都长得一样。

危险度!!!

档案 2

老虎

孤独的猎人

最大的猫科动物

与群居的狮子不同，老虎总是独来独往。它潜伏在森林中，用锋利的牙齿和爪子攻击猎物。此外，老虎的舌头上还长有很多倒刺，可以帮助它更加高效地捕猎和进食。老虎有时会袭击人类。

小贴士

- 分类：猫科
- 体长：1.4~2.5 米
- 体重：65~300 千克
- 分布：亚洲中部、南部及东北部
- 危险：尖牙、利爪

狼

密林的王者是孤傲的。
我不像狮子那样群居生活，我是孤狼……
……
惊
你看清楚啦，我既不是猫也不是狼！
嗷！
知道啦，知道啦！你是老虎！

猫

我是密林里的王者，我没有弱点。
跑得快！
跳得高！
扑腾
扑腾
会游泳！
真厉害——
明明是猫，却会游泳。
我是老虎。
虽然是猫科……

小知识 老虎尿尿的时候会往后喷！（去动物园要小心啦。）

档案 3

美洲豹

爬树、游泳都很厉害

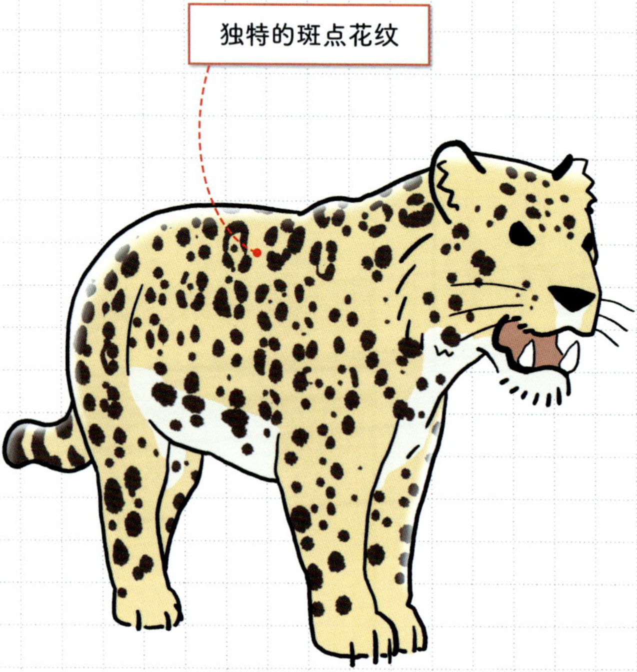

潜行猎手，会发起突然袭击

美洲豹身上的花纹让它便于在丛林或草原中潜藏起来，悄悄接近、攻击猎物。美洲豹和花豹很容易让人混淆，但是它们的花纹其实不一样。美洲豹运动能力突出，既是爬树高手，也是游泳健将，一般生活在森林或者河流附近的丛林里。

小贴士

- 分类：猫科
- 体长：1.12~1.85 米
- 体重：36~158 千克
- 分布：北美洲南部、中美洲及南美洲
- 危险：尖牙、利爪

地盘超大
我还有一个特点，就是领地非常大！
20平方千米以上
如果你敢在我的地盘上安家，
人类也好，
家畜也罢，
我一个都不会放过！
太可怕了……

肌肉猛豹
啊！是花豹！
生气
不是花豹，我是美洲豹！
我可比花豹强壮多了！
力量上我可不会认输，我能一口咬死鳄鱼！
拖
拖
我还能把它整条拖走。
肌肉猛豹！

小知识 中美洲的阿兹特克文明将美洲豹视为神圣的动物。

危险度!!!

档案 4

现存陆地上最大的哺乳动物

非洲象

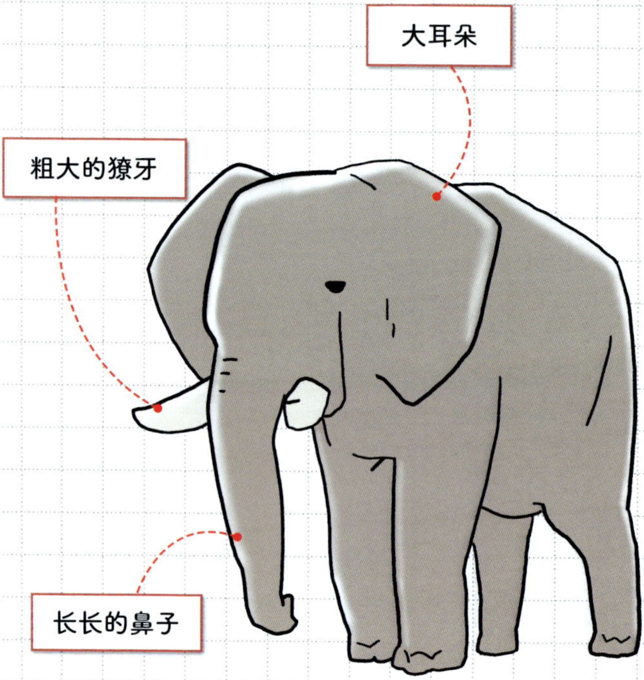
大耳朵
粗大的獠牙
长长的鼻子

庞大的身躯是最强的武器

非洲象是现存陆地上最大的哺乳动物。虽然它会用粗大的象牙和长长的鼻子来吓退敌人，但是庞大的身躯才是非洲象的最强武器。即便是百兽之王的狮子，面对非洲象的身体冲撞也只能逃得远远的。

小贴士

- 分类：象科
- 体长：5.4~7.5 米
- 体重：6~8 吨
- 分布：非洲（撒哈拉以南）
- 危险：冲撞

成年非洲象一天能吃掉
130 千克的草和果实！

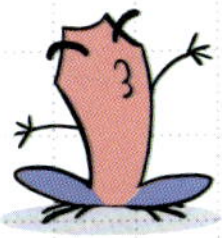

无敌

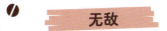

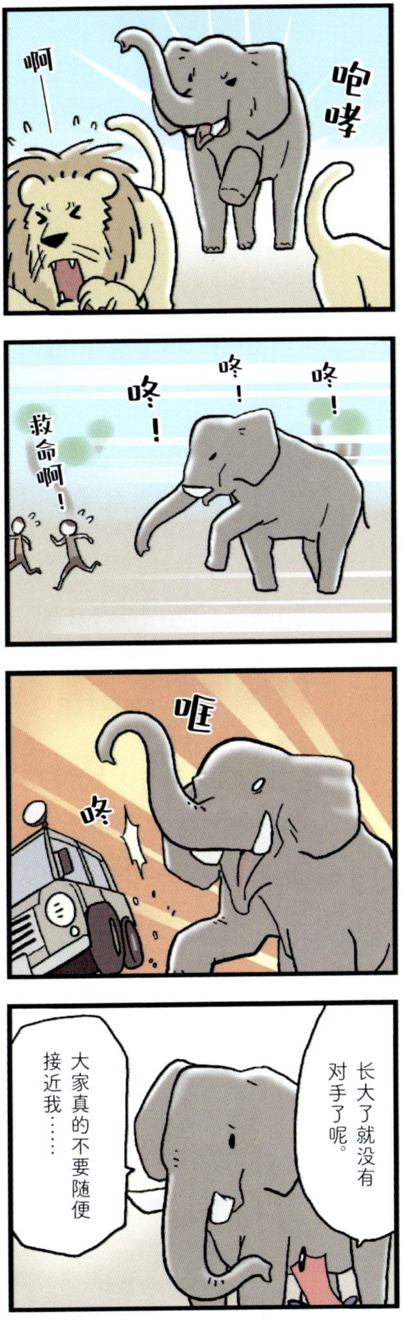
啊
咆哮
救命啊！
咚！
咚！
咚！
哐
咚
长大了就没有对手了呢。
大家真的不要随便接近我……

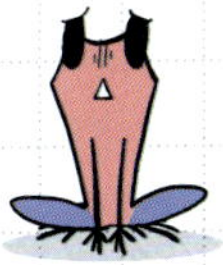

小知识 雄象的獠牙比雌象的更长。

危险度!!!

档案 5

性格凶暴的大块头

河马

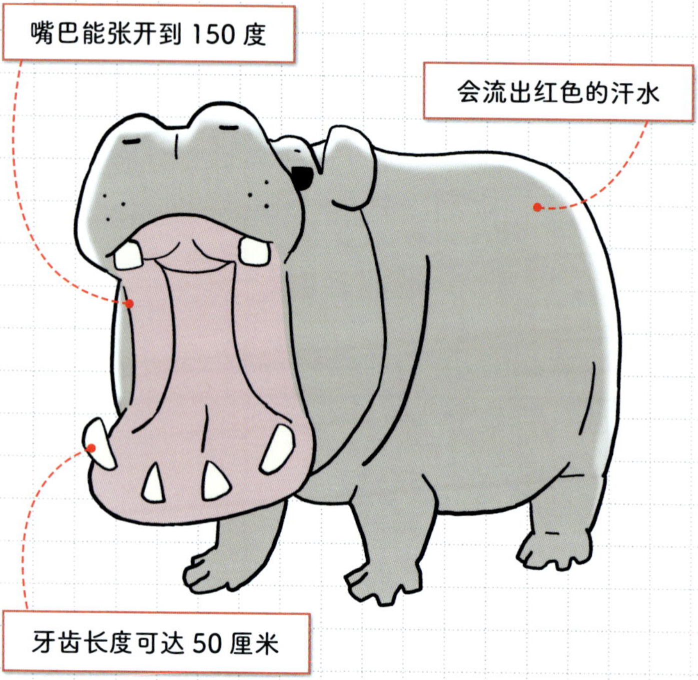
嘴巴能张开到 150 度
会流出红色的汗水
牙齿长度可达 50 厘米

明明是食草动物，却很危险

河马看起来很温驯，其实性格非常凶暴。尤其是临近发情期的时候，雄性河马甚至会为了争夺雌性河马或领地大打出手。河马大大的牙齿是极具杀伤力的武器。此外，河马攻击人类的事件也发生过多起。

小贴士

- 分类：河马科
- 体长：2.8~4.2 米
- 体重：1350~3200 千克
- 分布：非洲（撒哈拉以南）
- 危险：牙齿、冲撞

河马一般白天待在水里，到了晚上就会来到陆地上吃草。

惊人

咬合力可达1吨。
张大
跑起来时速可达30千米。
咚咚咚咚咚
然而……
冒汗
红色的汗水！
这才是最惊人的！

水底行走

游动
游动
哗啦
哇！你游得好快呀！
你看我的体形，像是游得起来的样子吗？
啊？但是……
我只是在水底行走而已。
缓步
前行
原来如此。

小知识 河马流出的红色汗水可以让它的皮肤保持湿润。

危险生物事件簿

防不胜防！
危险生物轻图鉴

地盘
危险度
谁敢闯进我的地盘，就等着被我揍得满地找牙吧！
吼吼吼吼吼吼！
咚 咚 咚 咚 咚 咚
每年都会发生数千起河马攻击人类的事件。
不，不妙！我得快点从河马的领地逃出去！
这么小一只的话，我倒是不介意啦。
超小……
你在小看我吗！

狮子吃人事件

1898年，非洲查沃河附近（现在的肯尼亚）有两头雄狮袭击了修建乌干达铁路桥梁工人的营地。从3月至12月，雄狮们频频出现并袭击人类。尽管人们想了很多办法，仍然无法阻止狮子袭击，前后有三十多人因此丧命。

危险度

棕熊吃人事件

1915年，日本北海道发生了一起棕熊吃人事件。棕熊为了准备冬眠而觅食，在12月9日至14日的6天内，袭击了数家农户，造成7人死亡、3人重伤。人们将这头棕熊射杀后发现，这是一头雄性棕熊，身长2.7米，重达340千克。

危险度

专栏 专栏 专栏

危险度!!!

档案 6

杀伤力十足的猛兽

棕熊

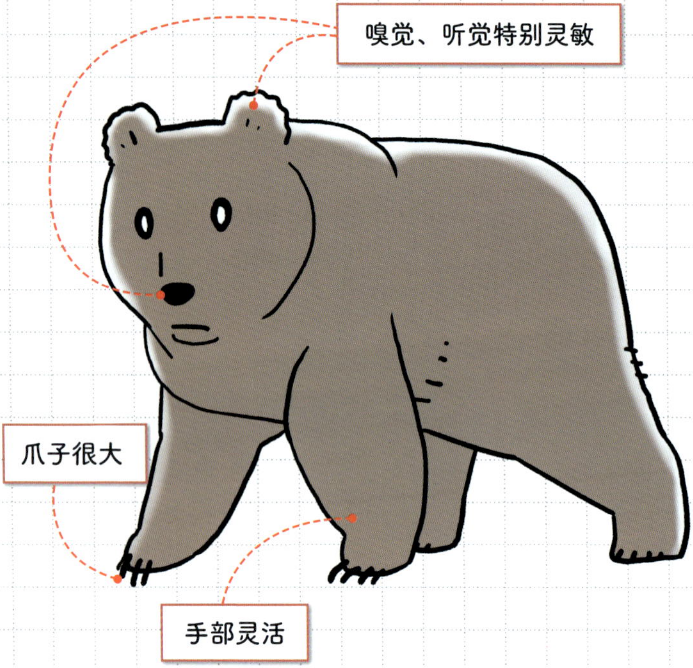
嗅觉、听觉特别灵敏
爪子很大
手部灵活

小心棕熊的牙齿和爪子!

棕熊拥有锋利的爪子和牙齿，杀伤力十足，通常以鱼、鹿等小型动物为食。棕熊有时会袭击人类，过去曾发生过多起棕熊伤人事件。

小贴士

- 分类：熊科
- 体长：1~2.8 米
- 体重：100~780 千克
- 分布：美洲北部和亚欧大陆大部分地区
- 危险：尖牙、利爪

虽然棕熊宝宝很可爱，但是千万要小心，因为熊妈妈一定就在附近。

疼爱过度

沙沙
沙沙
这里有小熊呢。
你再靠近，就别怪我下手狠了！
嗷嗷嗷
嗷嗷嗷
啊
不好意思，但凡是孩子的事情，我就会过于紧张……
都怪我对孩子疼爱过度啦。
果然是危险生物！

胆小鬼

熊性格凶暴？完全没这回事。
我们很胆小的！
如果附近突然有人类出现……
啊！
不要过来啊——
因为太过害怕，可能一不小心就把人打飞了。
正是因为这样才说你们凶暴啊！

小知识 北极熊是世界上最大的熊。

颈部可以膨起
呈兜帽状
分泌的毒液是
神经毒素

危险度!!!

档案 7

最危险的毒蛇

眼镜王蛇

最长的毒蛇

眼镜王蛇是世界上最长的毒蛇。它撕咬敌人时，会用毒牙在对方身体里注入大量的毒液。当眼镜王蛇感到危险时，它的颈部会向两侧膨起，呈兜帽状来恐吓敌人，同时它会将身体高高立起，为向下俯冲攻击做准备。

小贴士

- 分类：眼镜蛇科
- 体长：3~4 米（最长约 5.5 米）
- 分布：中国南部、南亚和东南亚
- 危险：毒牙

眼镜王蛇最喜欢的食物
是其他蛇类。

蛇之王者

眼镜蛇受到威胁时会保持这个姿势。
哼哼
论视线高度，其他蛇可比不上眼镜王蛇。
而且……
扭动
只有我们眼镜王蛇才能这样立起上半身爬行。
好高！不愧是蛇之王者！

大王的食物

眼镜王蛇是身体最长的毒蛇，
可以说是毒蛇之王。
我最喜欢吃蛇。
啊?!
如果我看到别的蛇在追老鼠……
嘶~~~~
吱~~~
那我可能会把那条蛇吃掉。
哪有大王吃掉自己臣民的?!

小知识 眼镜王蛇分泌的毒液能让被它咬中的猎物全身麻痹，失去行动能力。

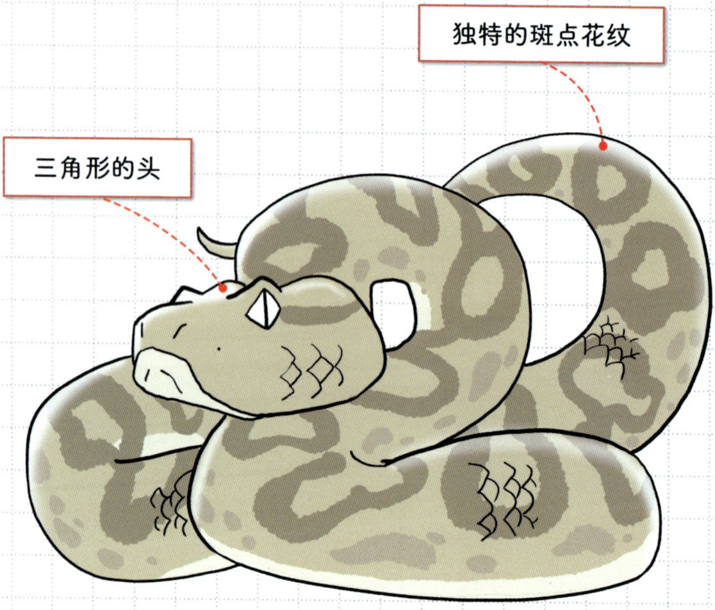
独特的斑点花纹
三角形的头

危险度!!!

档案 8

潜伏的猎手

黄绿原矛头蝮

攻击速度特别快

黄绿原矛头蝮身体的颜色让它可以很好地融入周围环境，让人难以察觉。它通常藏身在树丛或草丛中，等待猎物靠近，攻击时会伸展开自己的身体。黄绿原矛头蝮常出现于琉球群岛，那里曾发生过多起黄绿原矛头蝮伤人事件。

小贴士

- 分类：蝰科
- 体长：1~2 米
- 分布：琉球群岛
- 危险：毒牙

它们有时会藏在
甘蔗地里。

小心上方

真是的……得好好注意草丛里有没有蛇……
扭动 扭动
我们也经常停留在树上哟。
看出来了……

突然袭击

嘶嘶！
哇啊！
我会突然咬人！哼哼，你害怕了吗？
正所谓，出其不意，攻其不备。
嘶！
可恶，牙齿卡在树上了……
谁让你突然乱咬……

小知识 黄绿原矛头蝮的毒素会破坏血管，让猎物血流不止。

危险度!!!

档案 9

爬行速度最快的蛇

黑曼巴蛇

口腔内部
乌黑一片

爬行速度可以达到每小时 11 千米

黑曼巴蛇是世界上爬行速度最快的蛇，时速可达 11 千米。它不仅在地面爬行速度非常快，在树上动作也十分敏捷。黑曼巴蛇的毒性非常强，据说一旦被它咬到，几乎无法救治。在非洲，它是人们最害怕的毒蛇。

小贴士

- 分类：眼镜蛇科
- 体长：3~4.5 米
- 分布：非洲东部、南部
- 危险：毒牙

黑曼巴蛇一般以鸟类和
小型哺乳类动物为食。

同伴
我有毒！吃不得！
有毒？
我也有毒，你的毒是什么类型？
生物碱（一种神经毒素）。
真的假的？
我的毒也是神经毒素！来握个手！
哇，握个……
你的手呢？

速度
咻咻咻
我的速度超乎你的想象！
救命！
呼
到这里应该没问题了吧……
惊
吓
瞧你那呆若木鸡的样子！
吓坏了吧！
是呆若木『蛙』！

小知识 黑曼巴蛇是昼行性动物，通常藏在树上或阴凉处。

危险度!!!

档案 10

颌部咬合力超过 2000 千克

尼罗鳄

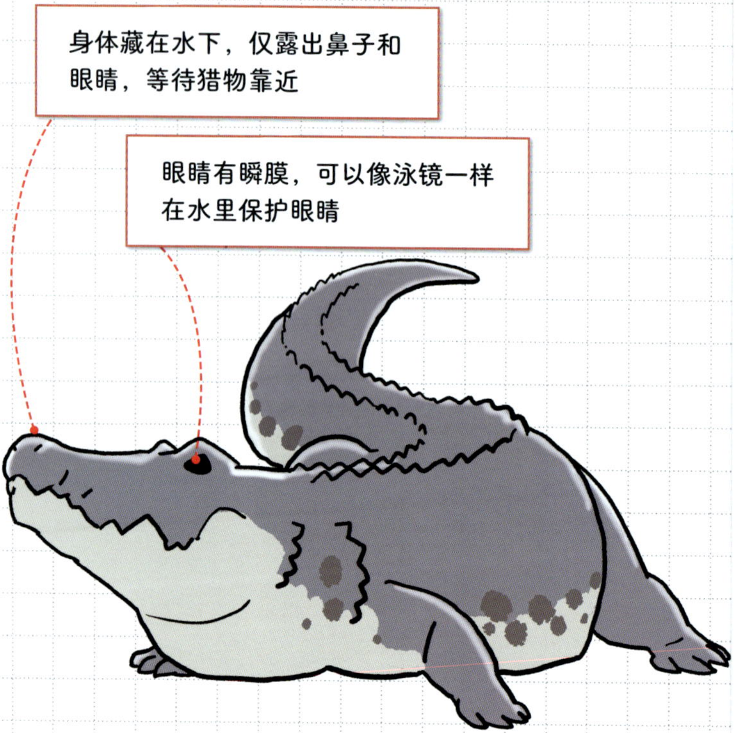
身体藏在水下，仅露出鼻子和眼睛，等待猎物靠近
眼睛有瞬膜，可以像泳镜一样在水里保护眼睛

现代的恐龙?! 非洲最大最强壮的鳄鱼！

尼罗鳄生活在淡水区域或海河交汇处，颌部力量极强，咬合力超过 2000 千克。捕猎时，尼罗鳄会用强劲的颌部和锋利的牙齿咬住猎物，将其拖入水中，并不停旋转身体，将猎物撕碎吃掉。

小贴士

- 分类：鳄科
- 体长：4 米
- 分布：非洲
- 危险：撕咬

尼罗鳄袭击人类的事件发生过很多起。

水下

哗啦
哗啦
水下有什么东西在拼命动！
抱歉……刚刚我在吃饭。
尼罗鳄?!
我在拼命旋转身体，
这样就可以把斑马的腿扯下来。
你想见识一下吗？
盯
哗哗
不用了，谢谢……

小知识 尼罗鳄会躲在水里，等成群的动物过河时袭击它们。

专栏

各式各样的『武器』

为了生存，生物们拥有各式各样的『武器』。有时候这些『武器』也会伤害到人类。

牙齿

危险生物最具代表性的“武器”就是锋利的牙齿。鳄鱼牙齿的形状能让被它咬住的猎物无法逃离，再加上强劲的咬合力，两者一同构成了鳄鱼最强的“武器”。赤手空拳的人类根本不是鳄鱼的对手。

爪子

很多危险生物都有巨大的爪子。有些爪子很有力量，比如熊爪可以轻松剥脱树皮，还可以在地面打洞。

针

针这类“武器”十分危险，一旦被扎，很容易造成严重的伤害。豪猪身上的针是为了在敌人的攻击下保护自己而进化出的“武器”，这些针的威慑力甚至让狮子这样的猛兽也拿它没办法。

刺

多数海胆的刺外显，有些海胆的刺可能有剧毒。然而海胆刺最可怕的地方在于它很容易被折断。如果随意拔除扎进身体的海胆刺，刺有可能会折断，留在伤口里，导致伤口很难愈合。

危险度!!!

档案 11

海洋里的恐怖生物

噬人鲨

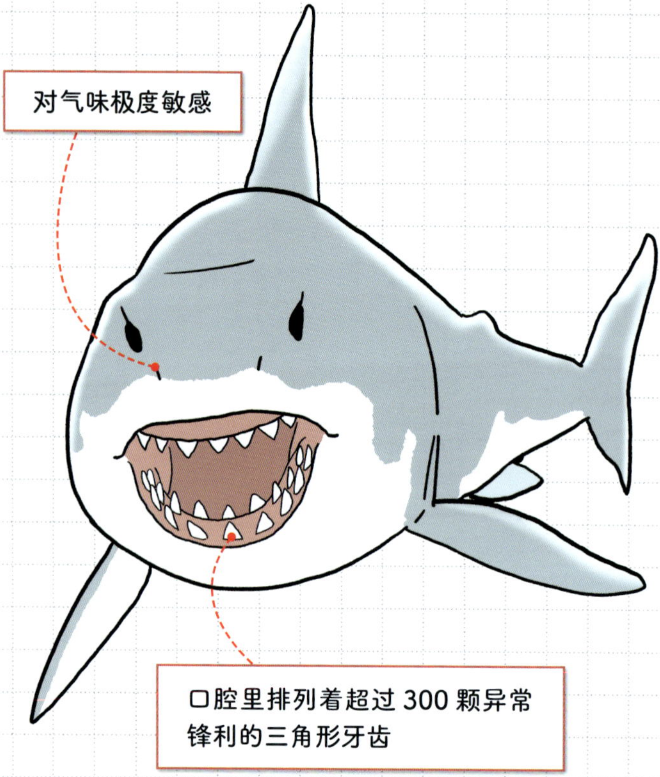
对气味极度敏感
口腔里排列着超过 300 颗异常锋利的三角形牙齿

鼎鼎有名的鲨鱼

噬人鲨是可怕的鲨鱼，有着锋利的牙齿，能轻松咬死猎物。它们游得非常快，不仅可以把头伸出水面，还能将整个身体跃出水面。有时它们会把人类误认成海豹而展开攻击。

小贴士

- 分类：鲭鲨科
- 体长：约 6 米
- 分布：亚热带至亚寒带海域
- 危险：尖牙

噬人鲨有袭击渔船和噬人记录，是对人类而言很危险的鲨鱼。

搞错了

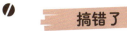

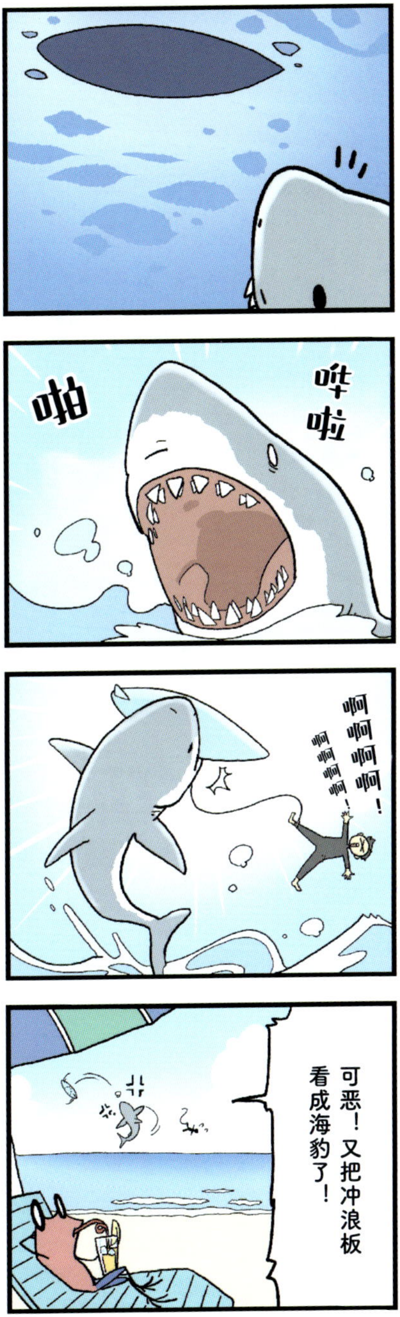
啪
哗啦
啊啊啊啊！
啊啊啊啊！
可恶！又把冲浪板看成海豹了！

小知识 据说噬人鲨游动的速度最高可达 50 千米 / 时。

危险度!!!

档案 12

伪装成石头的捕猎者

毒鲉

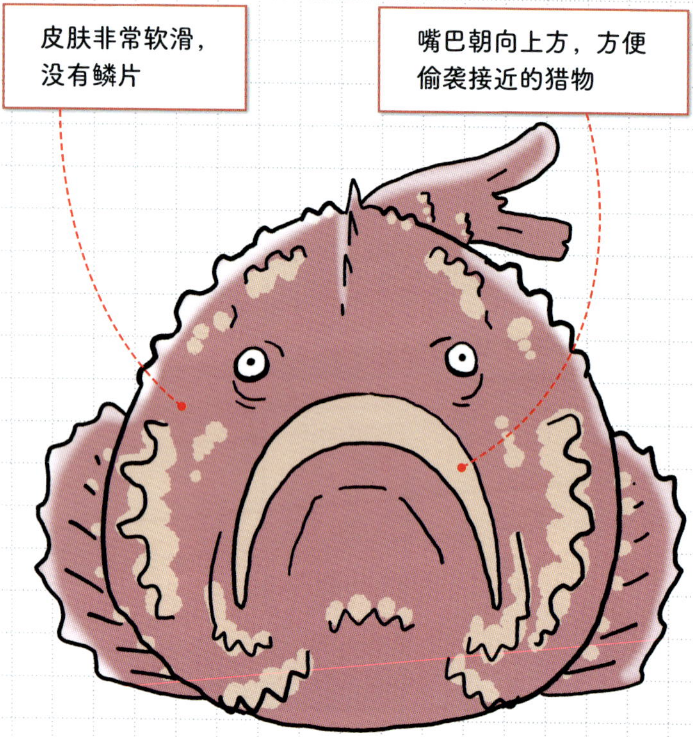
皮肤非常软滑，没有鳞片
嘴巴朝向上方，方便偷袭接近的猎物

以拟态闻名的生物

毒鲉的背鳍、腹鳍和臀鳍上有毒刺，毒性在鱼类中出类拔萃，被它刺中的话非常危险。毒鲉非常善于潜伏，以至于人们很难立马将它们和海底岩石区分开来，所以它又被叫作“石头鱼”。

小贴士

- 分类：鲉科
- 体长：约 30 厘米
- 分布：印度洋和西太平洋低纬度地区
- 危险：毒刺

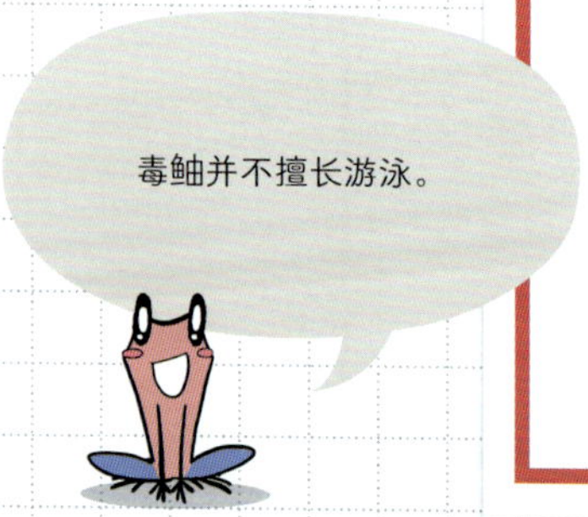
毒鲉并不擅长游泳。

受害者

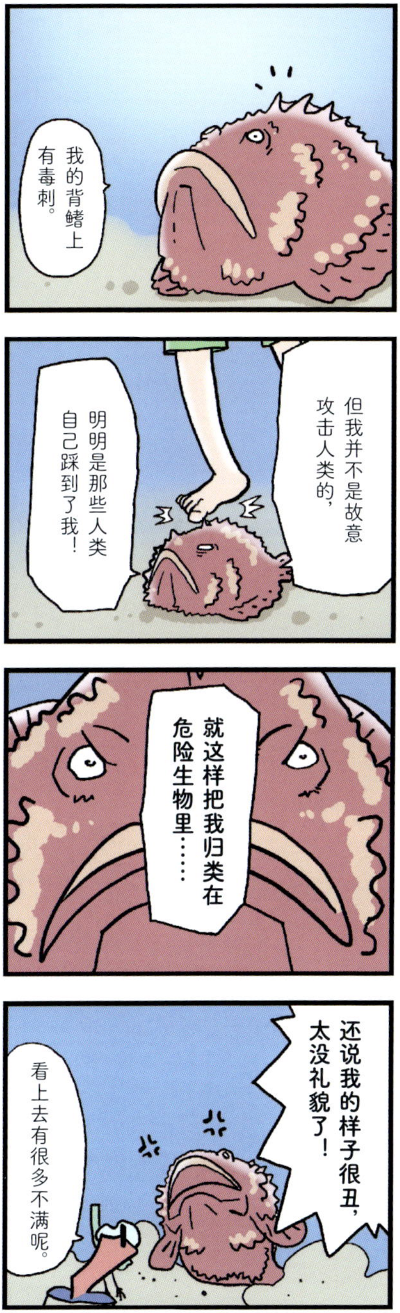
我的背鳍上有毒刺。
但我并不是故意攻击人类的，
明明是那些人类自己踩到了我！
就这样把我归类在危险生物里……
还说我的样子很丑，太没礼貌了！
看上去有很多不满呢。

明明是鱼……

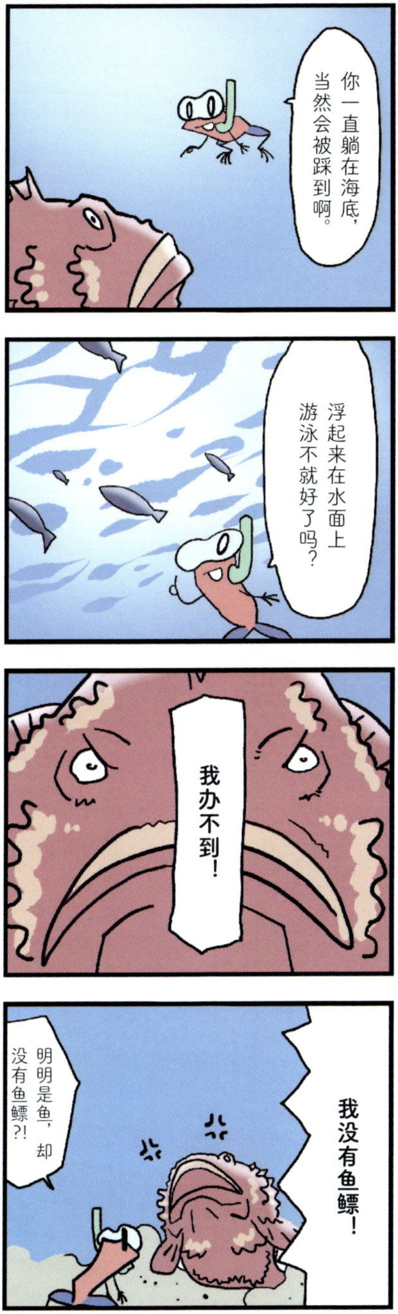
你一直躺在海底，当然会被踩到啊。
浮起来在水面上游泳不就好了吗？
我办不到！
我没有鱼鳔！
明明是鱼，却没有鱼鳔?!

小知识 毒鲉一般住在浅海的礁石或珊瑚礁上。

专栏

赤脚走在海滩非常危险

海滩潜藏着很多危险，比如碎裂的贝壳或者玻璃等等。有许多危险生物也居住在这里，它们也是危险来源之一，大家一定要小心！

毒鲉

这种著名的危险鱼类可以在不同的环境里生存。它们既可以生活在浅滩，也可以生活在人们潜水才能到达的深海。由于毒鲉的颜色和形状与周围环境极其相似，人们很难发现它，所以很容易被刺伤。如果被它们刺伤了，请立即去医院，不然有可能危及生命。

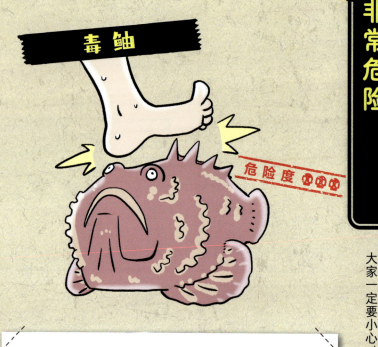

赤魟

赤魟喜欢潜伏在水深数厘米的浅滩处，尾巴上有毒刺，经常有人被它的毒刺刺中。一旦被刺，严重的话有可能危及生命。走在像退潮的沙滩这样的浅滩时，大家记得要使用长棍探路，确认脚下没有潜藏的赤魟。

危险度!!!

档案 13

用锋利的牙齿撕碎猎物

水虎鱼（食人鱼）

锋利的三角形牙齿

会攻击人类的凶猛鱼类

水虎鱼的上下颌长满了三角形的锋利牙齿，咬住猎物后靠扭动身体来撕下猎物的肉。水虎鱼喜欢群体觅食，一旦闻到血的味道会变得十分凶暴，将猎物啃得只剩下一堆骨头。

小贴士

- 分类：脂鲤科
- 体长：约 25 厘米
- 分布：南美洲亚马孙河和奥里诺科河流域
- 危险：利齿

有人将水虎鱼作为观赏鱼饲养。

胆小

站住！
别跑！
哗啦
啊啊啊啊！
有巨大的怪物，好可怕！快跑！
原来它们也不是什么都吃呢。

被吃掉了

扑腾
扑腾
沉没
啊啊啊啊！
浮起
轮到你了！让我吃两口！
不需要文字解释的恐惧……

小知识 有的水虎鱼喜欢吃其他鱼类的鳞片。

危险度!!!

档案 14

寄生在其他生物体内的魔鬼

寄生鲶

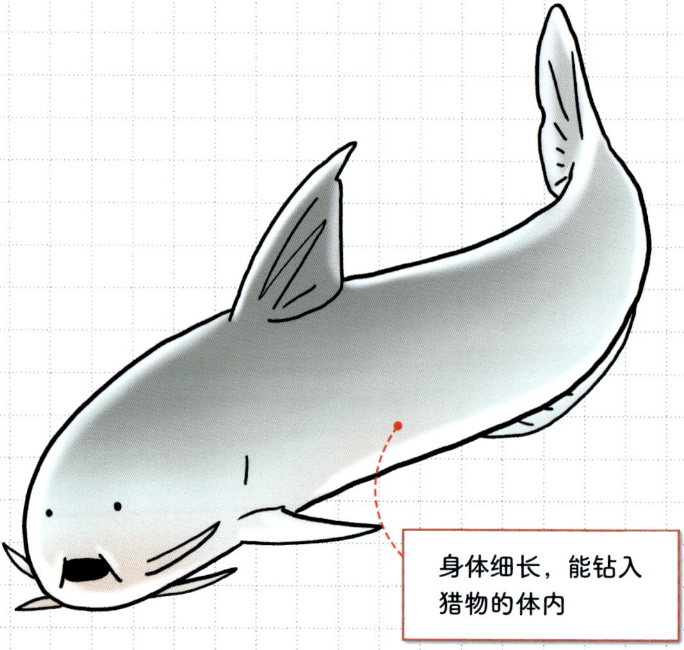
身体细长，能钻入猎物的体内

在猎物体内吃肉喝血

寄生鲶会从其他动物身体上的洞钻入其体内吃肉喝血，因此又被叫作“牙签鱼”，是令人闻风丧胆的恐怖淡水鱼。寄生鲶可比同在亚马孙河流域生活的水虎鱼可怕多了。

小贴士

- 分类：毛鼻鲶科，鲸鲶科
- 体长：3~30 厘米
- 分布：南美洲亚马孙河流域
- 危险：咬伤、寄生

寄生鲶当中，有一些是肉食性的，有一些是寄生性的。

在梦里相见
跳出
我们一般是集体觅食！
跳出
跳出
猎物体形再大也没关系。
即便是人类，我们也能吃！
跳跳跳
跳跳跳
跳出
跳出
我一定是在做梦！世界上怎么会有这么恐怖的生物！
那下次我就钻进你的梦里吧……
啊——不要！
噩梦
寄生鲶
擅长从猎物的身体寻找可以侵入的通道，并寄生在其体内。
蠕动
蠕动
冒出
呼！
我吃饱啦，多谢款待。
哗啦
噩梦一般的场景……

小知识 寄生鲶虽然是鲶科动物，但是游得很快。

危险度!!!

档案 15

致命的杀手螺

地纹芋螺

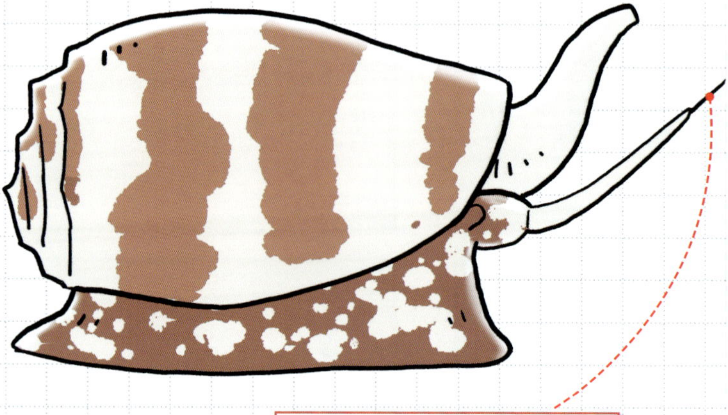
从吻部伸出齿舌刺中猎物

箭状的齿舌有剧毒

地纹芋螺是一种有剧毒的螺类，毒性足以杀死人类。地纹芋螺的齿舌像箭一样，含有剧毒，它正是以此来捕食附近的鱼类，而且它的齿舌有倒钩，猎物不容易挣脱。地纹芋螺攻击性很强，哪怕只是踩到或者捡起它，都有可能被它攻击。

小贴士

- 分类：芋螺科
- 壳长：约 13 厘米
- 分布：印度洋和西太平洋低纬度地区
- 危险：剧毒的齿舌

被地纹芋螺的毒刺刺中，会出现全身麻痹、呼吸困难等症状，千万要小心！

疼痛

哇，好漂亮的贝壳！
啊！她的手要被刺到了！
但是她好像没有什么感觉。
即便被地纹芋螺刺中，也几乎不疼。
但那只是刚开始，等过一会儿，呵呵……
过一会儿会发生什么？好可怕！

快如闪电

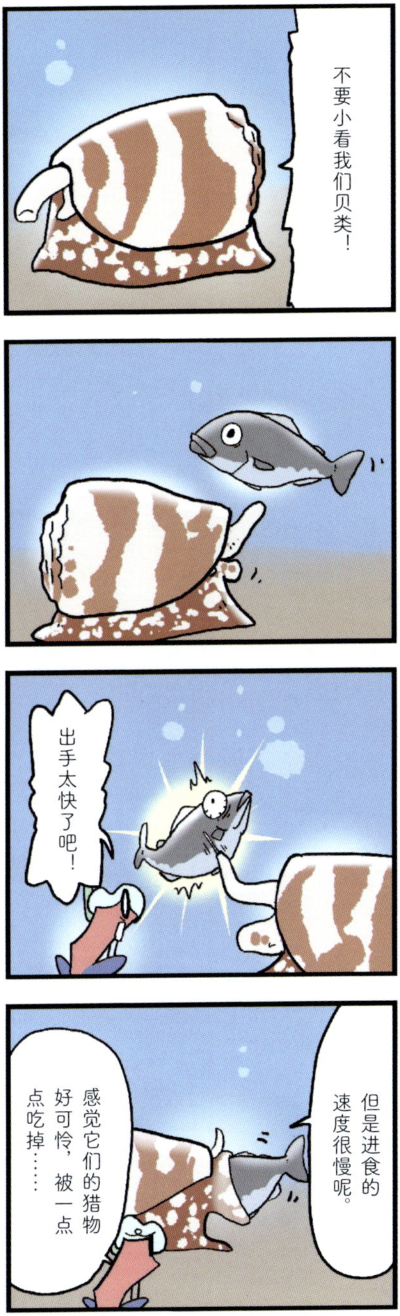
不要小看我们贝类！
出手太快了吧！
但是进食的速度很慢呢。
感觉它们的猎物好可怜，被一点点吃掉……

小知识 地纹芋螺的外壳很漂亮，在贝壳收集爱好者中非常受欢迎。

专栏

芋螺科动物的捕食方式

防不胜防！

危险生物轻图鉴

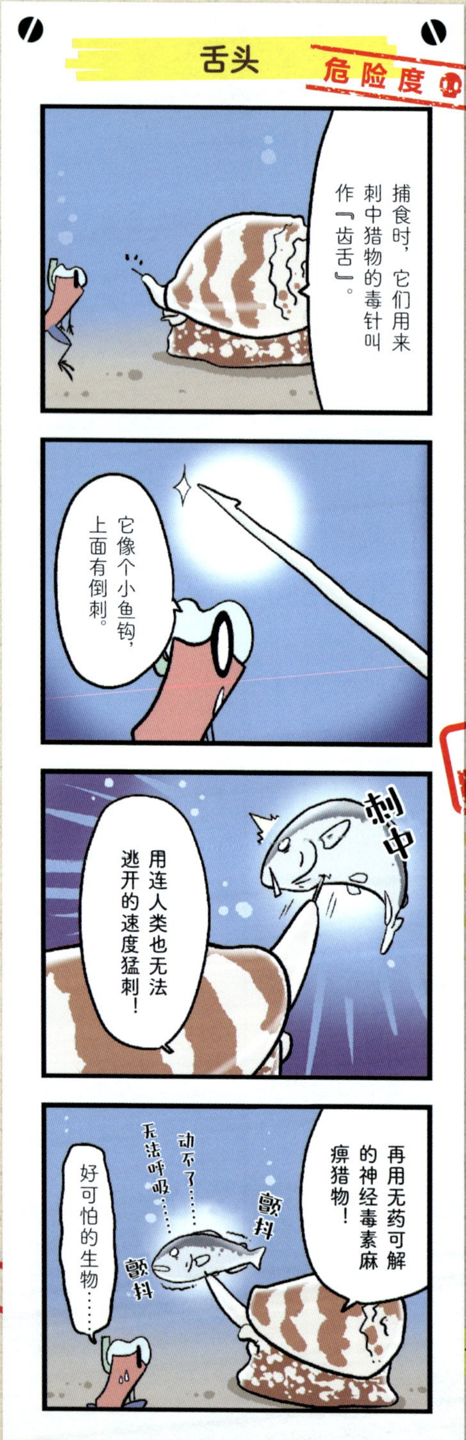
舌头
危险度
捕食时，它们用来刺中猎物的毒针叫作『齿舌』。
它像个小鱼钩，上面有倒刺。
刺中
用连人类也无法逃开的速度猛刺！
再用无药可解的神经毒素麻痹猎物！
动不了……
无法呼吸……
颤抖
颤抖
好可怕的生物……

危险

肉食性贝类

很多像地纹芋螺这样的芋螺科贝类会攻击并捕食鱼类。也有的芋螺会在扁玉螺或骨螺等腹足纲贝类的壳上钻洞，吃掉里面的肉。如果这些捕食花蛤等双壳纲贝类的肉食性贝类大量繁殖，水产业将会遭受巨大损失。所以肉食性贝类对于人类来说，也是一种“危险生物”。

危险度

贝类的毒

尽管用毒针进行攻击的贝类并不多，但是我们日常食用的贝类也可能携带一定的毒素。贝类如果吃了有毒的浮游生物，毒素就会累积在贝类身体里，人类如果食用了这种贝类，就有可能中毒。中毒症状不仅限于吃坏肚子，严重时有可能导致死亡。食用贝类前可以查阅近期新闻或咨询相关部门，看看当地最近有没有发生食用贝类中毒的事件。

危险度

危险度!!!

档案 16

可怕的有毒水母

僧帽水母

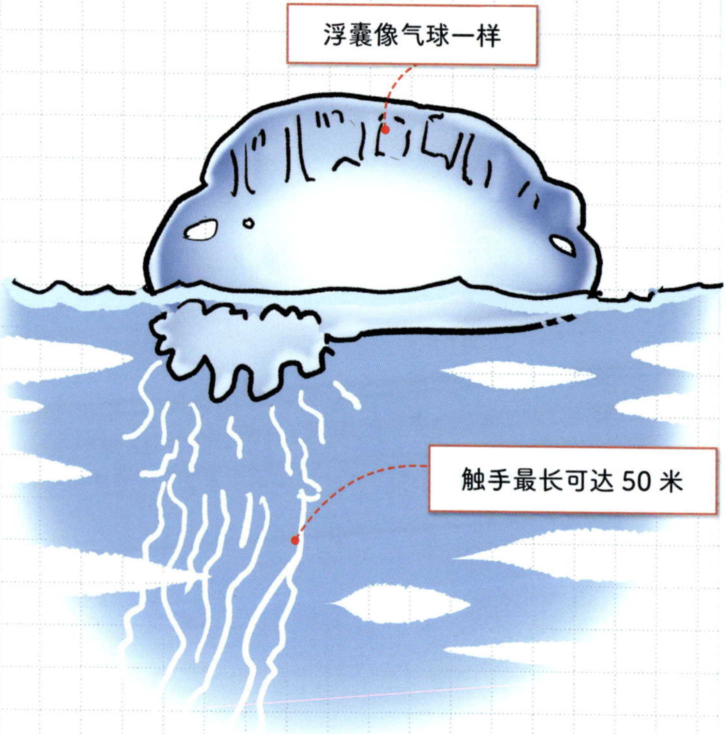
浮囊像气球一样
触手最长可达 50 米

经常有人在海水浴场被蜇伤

僧帽水母的武器是它们长长的触手,触须上密布刺细胞。这些刺细胞能分泌出致命的毒素，猎物被刺中以后会产生电击一般的疼痛。经常有人在海水浴场不小心被它蜇伤。

小贴士

- 分类：僧帽水母科
- 体长：直径约 13 厘米，触手最长可达 50 米
- 分布：温带及热带海域
- 危险：刺细胞分泌的毒素

在中国主要分布于东海和南海海域。

水面之下

扑腾
扑腾
触手好长！
最长有50米哟。
整条触须都有毒。
哇……

顺风而行

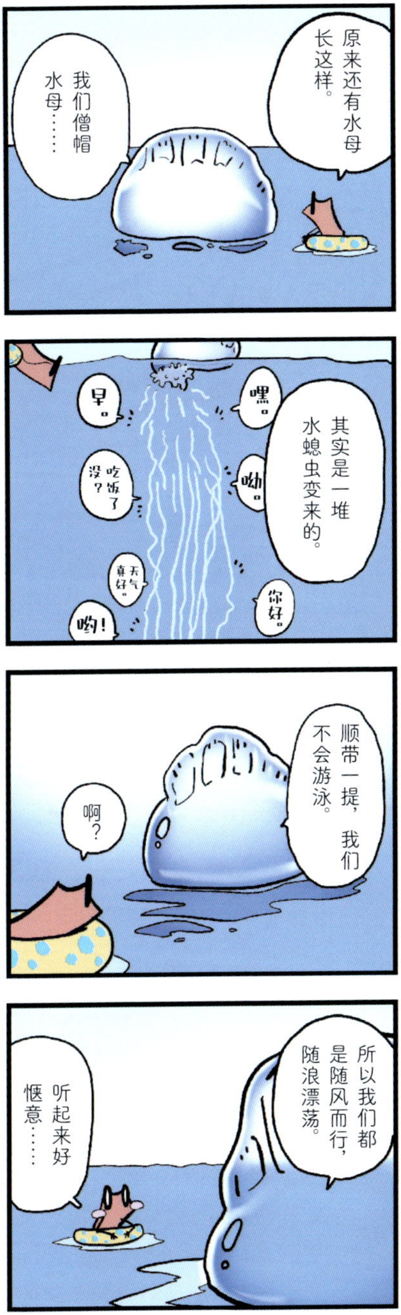
原来还有水母长这样。
我们僧帽水母……
其实是一堆水螅虫变来的。
嘿。
早。
呦。
吃饭了没？
天气真好。
你好。
哟！
顺带一提，我们不会游泳。
啊？
所以我们都是随风而行，随浪漂荡。
听起来好惬意……

小知识 僧帽水母是由许多微小的水螅虫集聚而成的生物。

危险度!!!

档案 17

可怕的生物毒素拥有者

澳大利亚箱形水母

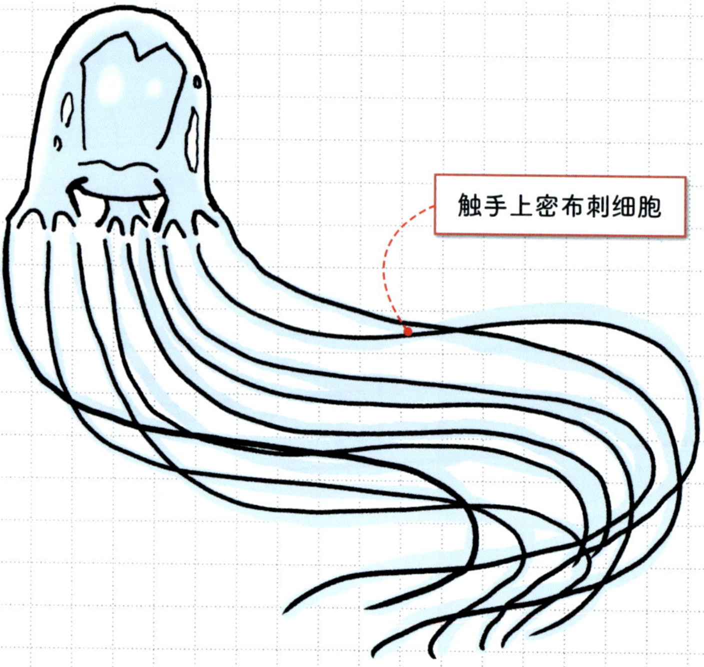
触手上密布刺细胞

致命的生物毒素

澳大利亚箱形水母的别名叫“海黄蜂”，它的触手上密布刺细胞，分泌的毒素能破坏心脏、神经系统、皮肤细胞等，让人疼痛难忍。人类被刺中的话，有可能会休克死亡。

小贴士

- 分类：箱形水母科
- 体长：伞部高 25~60 厘米，触手长约 3 米
- 分布：澳大利亚沿岸水域
- 危险：刺细胞分泌的毒素

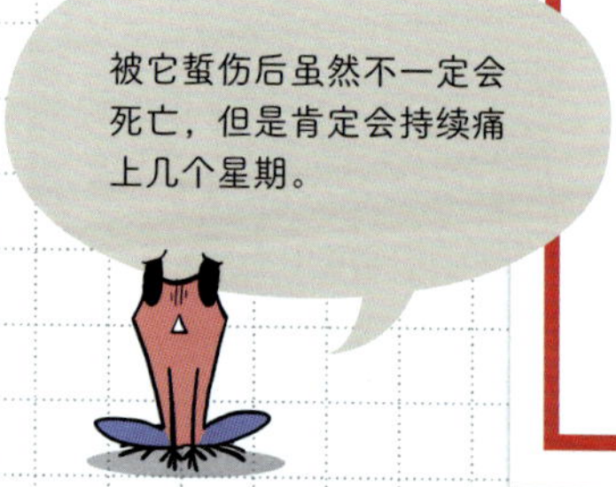
被它蜇伤后虽然不一定会死亡，但是肯定会持续痛上几个星期。

天敌

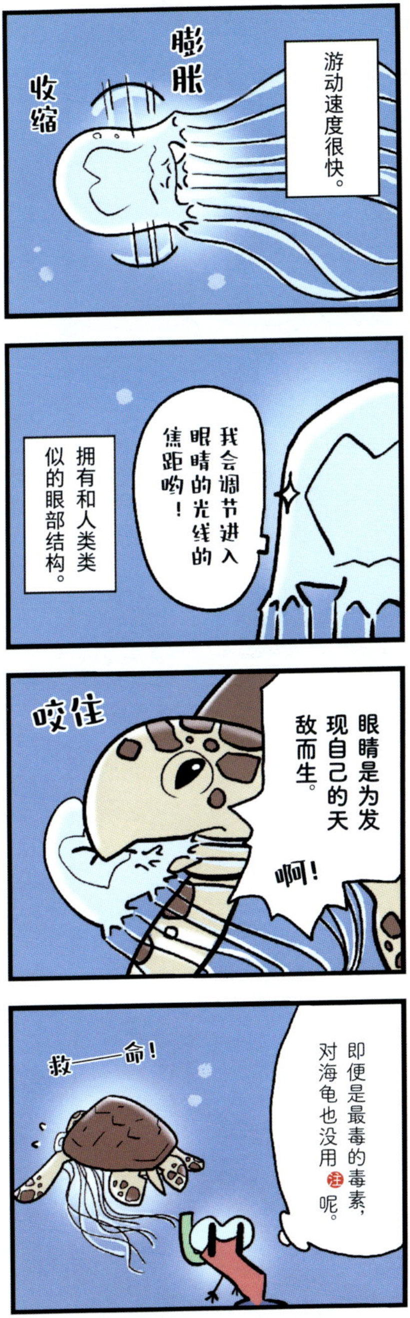
膨胀
收缩
游动速度很快。
拥有和人类类似的眼部结构。
我会调节进入眼睛的光线的焦距哟！
咬住
眼睛是为发现自己的天敌而生。
啊！
救——命！
即便是最毒的毒素，对海龟也没用注呢。

注 海龟是水母的天敌。海龟的胃液中有一种能化解水母剧毒的特殊物质，所以不惧水母的毒素。

小知识 如果被有毒水母蜇到，迅速倒上醋能让刺细胞无法分泌毒素。

水母的种类

防不胜防！
危险生物轻图鉴

有毒刺的水母与没有毒刺的水母

危险度

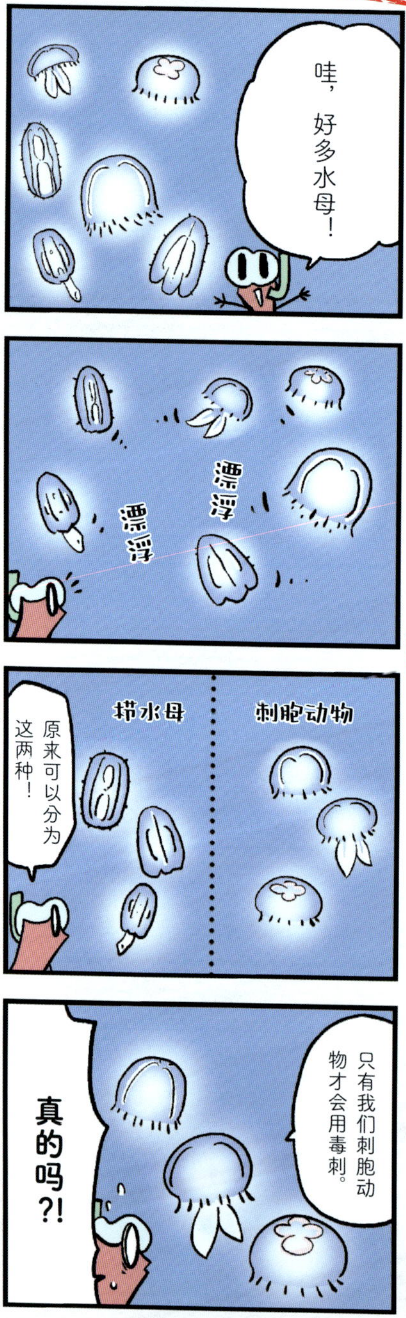

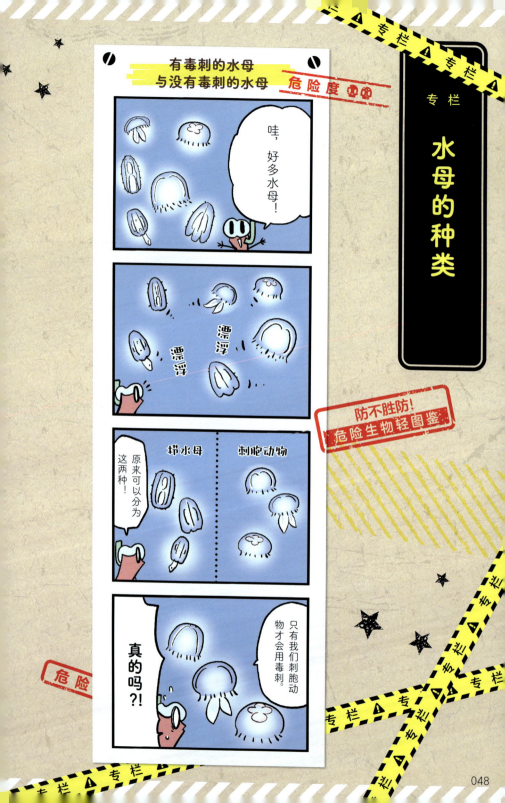

有毒刺的水母

有一些水母可以通过触手上的刺细胞分泌毒素，比如书中介绍的僧帽水母和澳大利亚箱形水母。它们属于刺胞动物。这些水母用“毒”来捕食鱼虾等。水母的触手即使脱离身体，刺细胞依然存活，可以分泌毒素，所以如果遇到在海里漂浮或是漂到岸上的水母，无论如何都不可以随便接触它们的触手。

危险度

没有毒刺的水母

有一些水母属于栉水母，其中比较有名的有瓜水母、兜水母。它们的特征是被称为栉板的器官在阳光下会反射呈现五彩斑斓的色彩。栉水母通过栉板的运动移动。因为它们没有刺细胞，所以不会分泌毒素。栉水母主要以其他水母为食，进食时会将其他水母整只吞下。

危险度

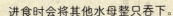

危险度!!!

档案 18

已知最毒的蘑菇

红角肉棒菌

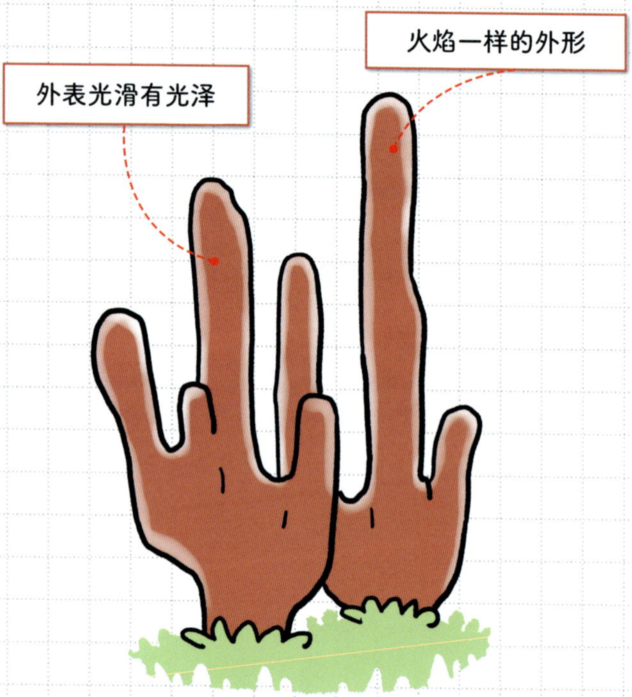
火焰一样的外形
外表光滑有光泽

只是摸一下就可能皮肤溃烂

红角肉棒菌有着火焰一样的颜色和外形，也叫火焰茸。它的毒性剧烈，人类食用后会出现腹痛、呕吐、腹泻等症状，严重时会伤害肝、肾等内脏器官，即便只是摸一下也可能导致皮肤溃烂。常见于夏季和秋季。

小贴士

- 分类：肉座菌科
- 高：3~13 厘米
- 分布：中国、日本、朝鲜半岛、马来群岛至澳大利亚
- 危险：毒

红角肉棒菌有时在公园也能见到，一定要小心。

地点

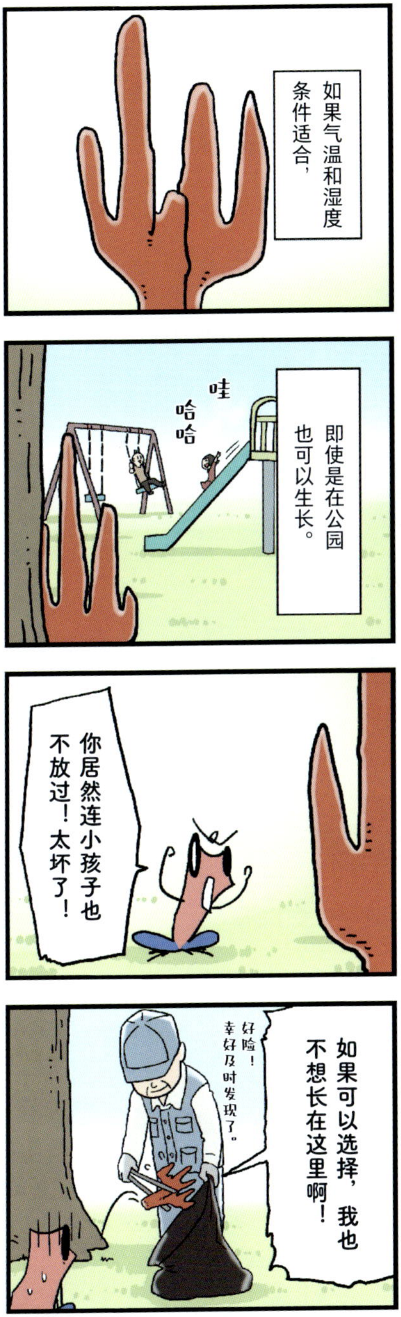
如果气温和湿度条件适合，
即使是在公园也可以生长。
哇
哈哈
你居然连小孩子也不放过！太坏了！
如果可以选择，我也不想长在这里啊！
好险！幸好及时发现了。

着火了

着火了！
发生火灾了！
原来是火焰茸，我还以为着火了……
我可比山火可怕多了。
只要吃了我，哪怕只是一口，也会被毒死。
光是碰到我的汁液，就会皮肤溃烂！
你就这么想被人讨厌吗？
……

小知识 日本和韩国发生过多起误食红角肉棒菌中毒死亡的事件。

危险度!!!

档案 19

有毒植物的代表

乌头

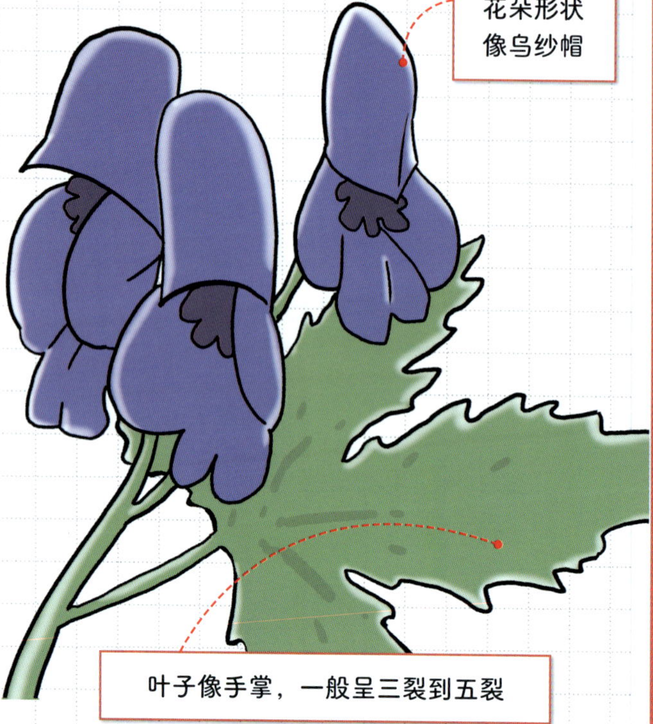
花朵形状
像乌纱帽
叶子像手掌，一般呈三裂到五裂

乌头不可食用，吃了会中毒

乌头会开出漂亮的紫色花朵，但根部毒性尤其强，如果把它和其他可食用的野菜弄混了，很容易食物中毒。特别注意不要把它和鹅掌草弄混，这样的事件可是经常发生的。

小贴士

- 分类：毛茛科
- 高：0.4~1 米
- 分布：在中国广泛分布于除西北和南部沿海地区以外的大部分地区
- 危险：食物中毒

乌头的毒素主要攻击
心脏和神经系统。

解毒剂

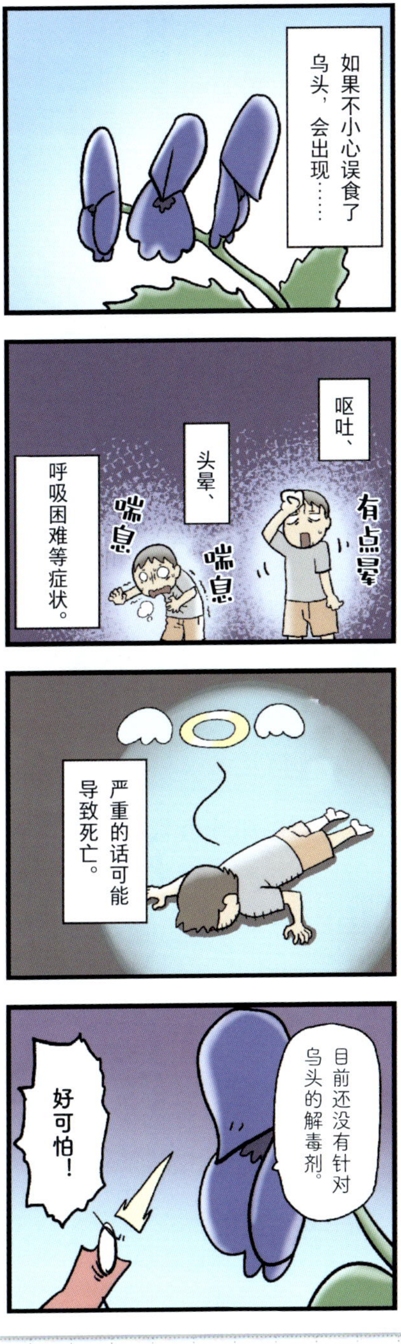
如果不小心误食了乌头，会出现……
呕吐、
头晕、
呼吸困难等症状。
有点晕
喘息
喘息
严重的话可能导致死亡。
目前还没有针对乌头的解毒剂。
好可怕！

不知不觉

乌头的外观与一些无毒植物相似。
艾草
这是乌头
鹅掌草
哇，这里有艾草，采回去做今天的晚饭吧。
其实是乌头
那个人太倒霉啦……
确实。如果没有足够的经验和知识，就无法在自然世界里保护自己呢……
现在不好好学习，以后就来不及了……
语重心长啊……

小知识 乌头可以制成药材。

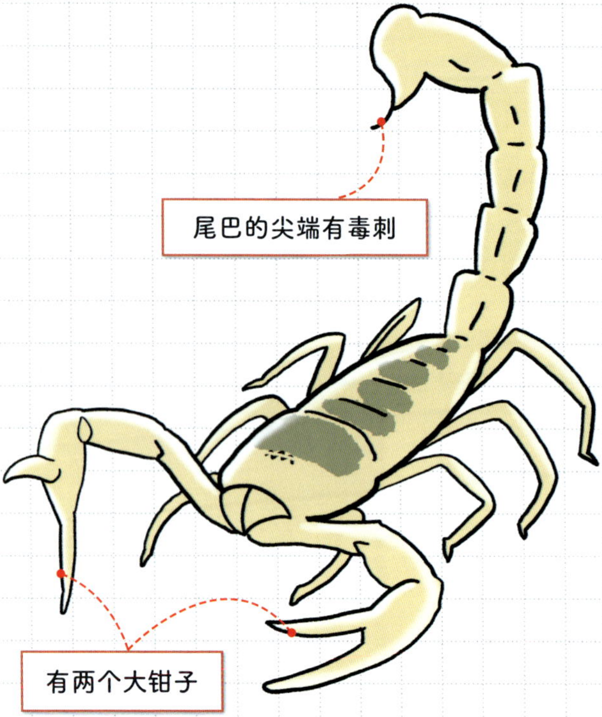
尾巴的尖端有毒刺
有两个大钳子

危险度!!!

档案 20

尾部有毒刺

以色列金蝎

尾随的杀手

以色列金蝎尾部有毒刺，极其危险。它的尾刺毒素是神经毒素，小孩子被蜇伤的话很容易死去。以色列金蝎一般生活在沙漠或其他干燥地区。它还有另外一个名字，叫作“死亡跟踪者”。

小贴士

- 分类：钳蝎科
- 体长：约 6 厘米
- 分布：非洲北部到阿拉伯半岛
- 危险：有毒的尾刺

从分类上说，蝎子的亲属关系更贴近蜘蛛或蜱虫，而不是昆虫。

烦人的家伙

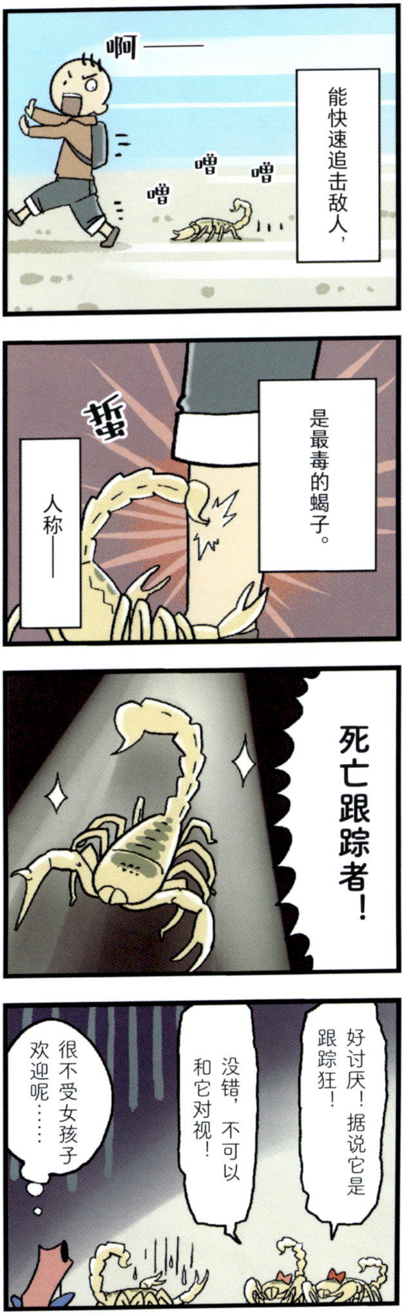
啊——
能快速追击敌人，
噌
噌
噌
是最毒的蝎子。
人称——
蜇
死亡跟踪者！
好讨厌！据说它是跟踪狂！
没错，不可以和它对视！
很不受女孩子欢迎呢……

小知识 从它的毒液中可以提取出一些成分，能有效治疗人类的某些疾病。

危险度!!!

档案 21

体形最大的胡蜂

金环胡蜂

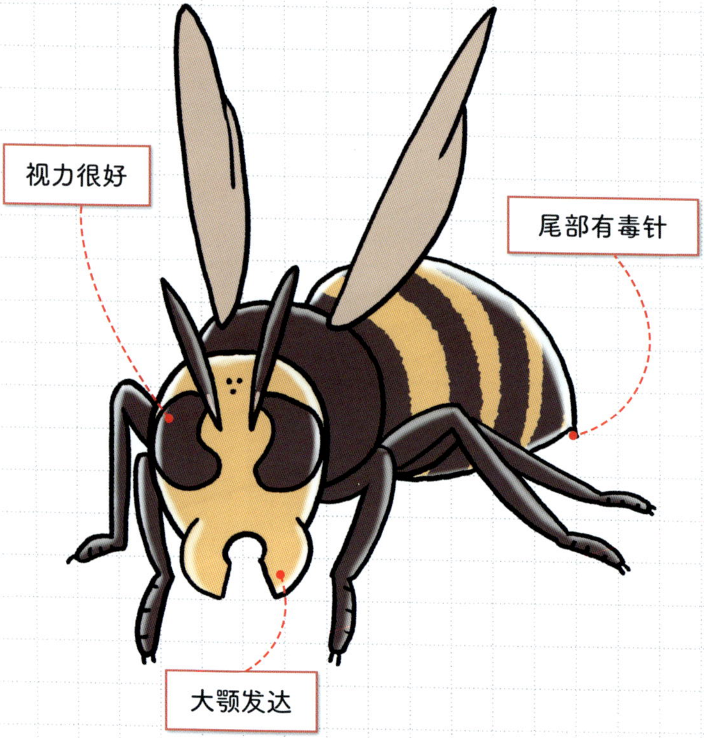
视力很好
尾部有毒针
大颚发达

有着蜂类中最强的毒素

金环胡蜂是所有胡蜂中体形最大的，毒性和攻击性极强。如果其他生物接近其巢穴，金环胡蜂会振动颚部发出声音，向敌人群起而攻之。如果被它蜇伤，将会产生剧痛，严重时可导致死亡。

小贴士

- 分类：胡蜂科
- 体长：25~44 毫米
- 分布：东亚大部分地区
- 危险：毒针

它们的巢穴一般建在地面上。

危险角色

我有强劲的颚部和危险的毒针！
像你这种小不点，我随随便便就能把你打得落花流水、屁滚尿流。
你在干吗！偷懒吗？
要准备进攻蜜蜂的巢穴啦！
啊，是！
嗡嗡
嗡嗡

警告

咔
咔
咔
咔
什么声音？
咔
咔
算了，不管了。
你小子往哪儿去？这是最后通牒！
咔
咔
现在不从这里滚出去，有你小子的苦头吃！
咔
咔
咔
咔
啊啊啊啊

小知识 人类生活的城市中也能看到它们的身影。

专栏

过敏性休克

过敏性休克是过敏原进入体内后，在极短时间内引起全身过敏反应而产生的休克现象。

金环胡蜂

危险度

如果被蜂类蜇过，因此变成对蜂类毒素过敏的体质，下一次再被蜇伤就有可能引发过敏性休克。也有一部分人生来就对蜂毒过敏，第一次被蜇就会出现过敏性休克。

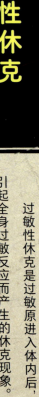

红火蚁

危险度

人们曾在船运货物中发现红火蚁的身影。它的尾部有毒针，人被蜇伤后会产生疼痛、瘙痒等症状。虽然很少有人因红火蚁的毒素死亡，但偶尔有人因过敏性休克而死。在美国，每年会发生很多起红火蚁蜇人事件。

第二章

比较可怕的危险生物

危险度

p.072

被这个针刺中
肯定很疼……

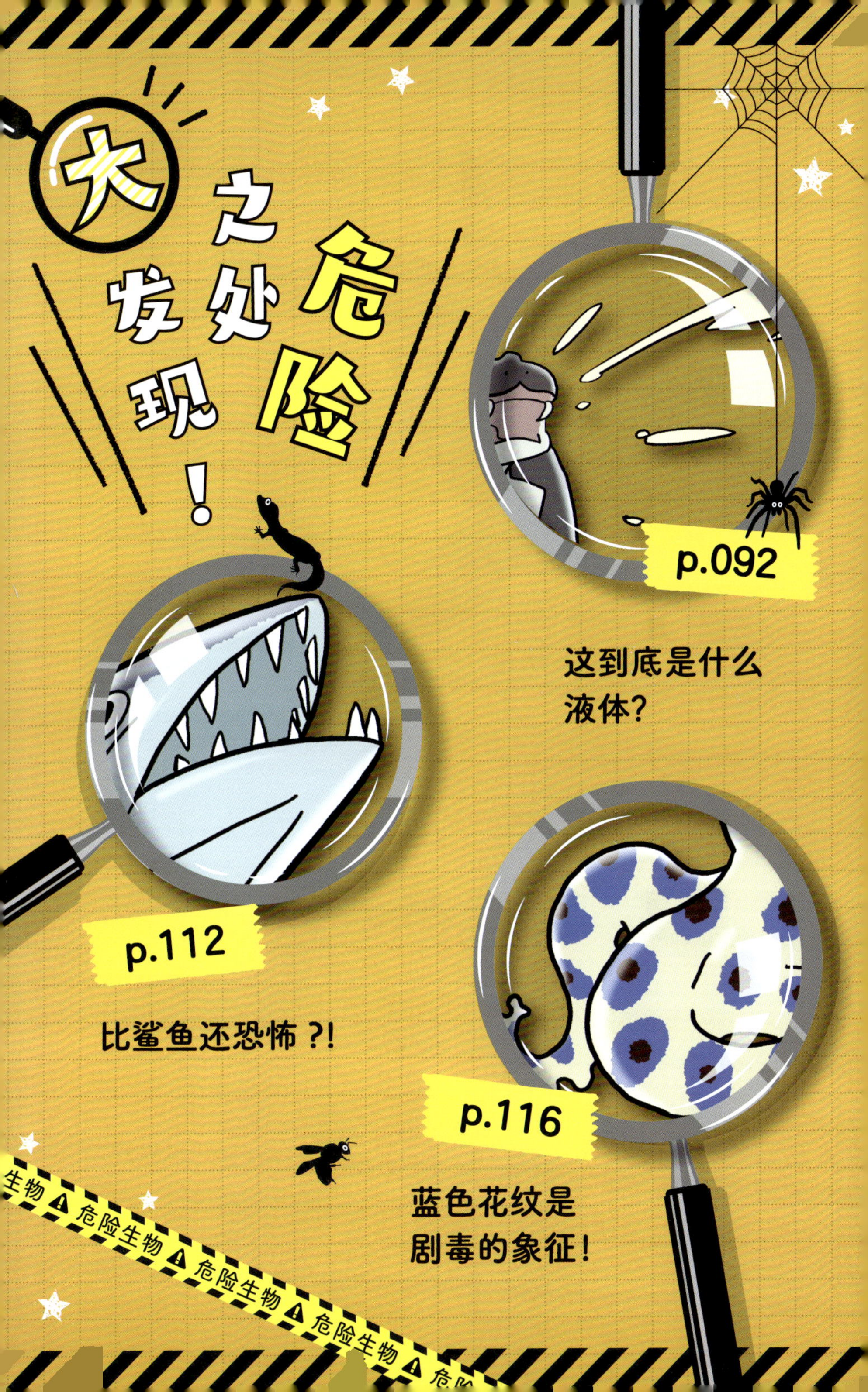
危险之处大发现!
p.092
这到底是什么液体?
p.112
比鲨鱼还恐怖?!
p.116
蓝色花纹是剧毒的象征!
生物 危险生物 危险生物 危险生物 危险

危险度!!

档案 22

海洋里的匪徒

虎鲸

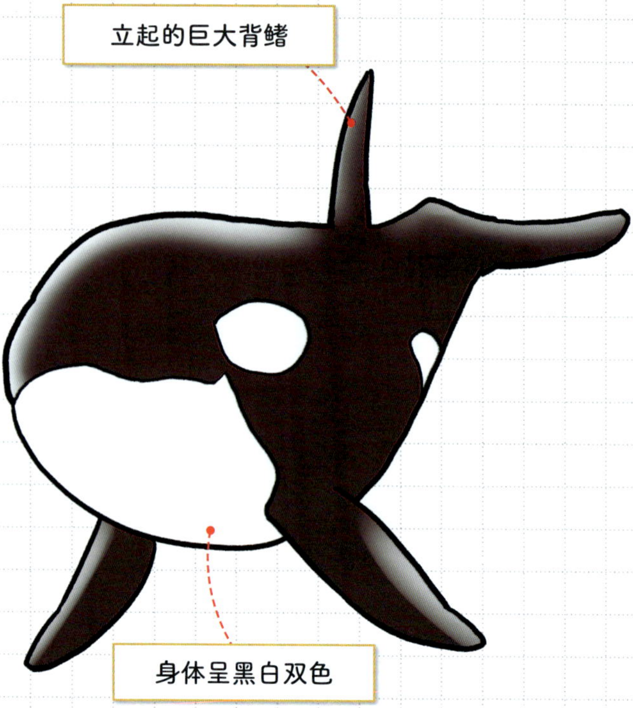
立起的巨大背鳍
身体呈黑白双色

以海豹和其他鲸类为食

现在的水族馆里常常可以看到虎鲸，它们看起来十分友好，但在自然界中可是绝对的食肉动物。虎鲸智商较高，常常团队合作进行捕猎，狩猎海豹及其他鲸类，因此它们也被称作海洋里的匪徒。

小贴士

- 分类：海豚科
- 体长：6~9 米
- 分布：所有海洋
- 危险：牙齿

虎鲸是体形最大的海豚科动物，从分类学上说，和其他鲸豚类同属哺乳动物。

匪徒

我们就是大海里的匪徒。
为了狩猎，我们不择手段。
跃出
背地里，我们与人类也有『交易』……
哗啦
钻过这个圈就有吃的了！
完全被驯化饲养起来了！

狠角色

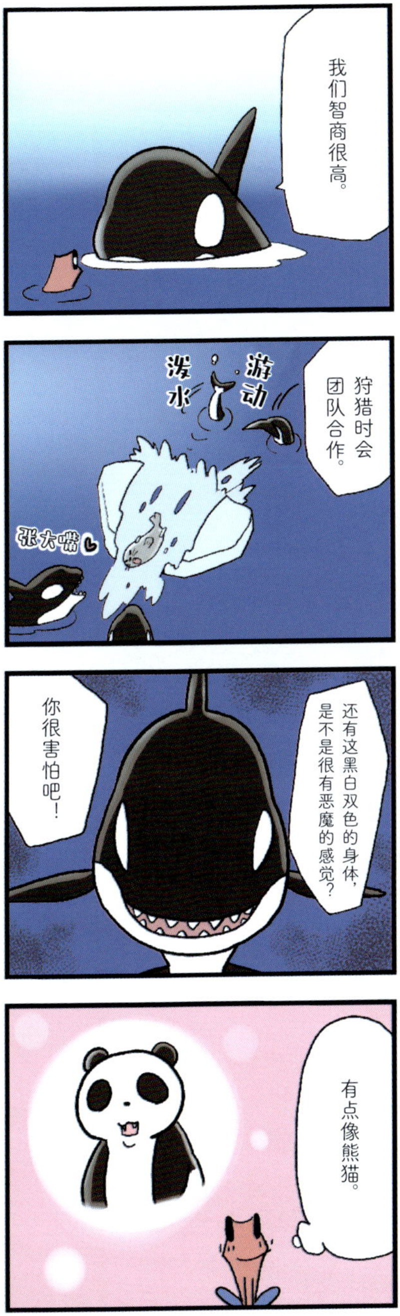
我们智商很高。
狩猎时会团队合作。
游动
泼水
张大嘴
还有这黑白双色的身体，是不是很有恶魔的感觉？
你很害怕吧！
有点像熊猫。

译者注：虎鲸等原本生活在辽阔海洋里的生物，都是不适合被人工圈养的。

小知识 在水族馆里曾发生过虎鲸袭击饲养员的事件。

危险度!!

档案 23

竖起獠牙冲锋

野猪

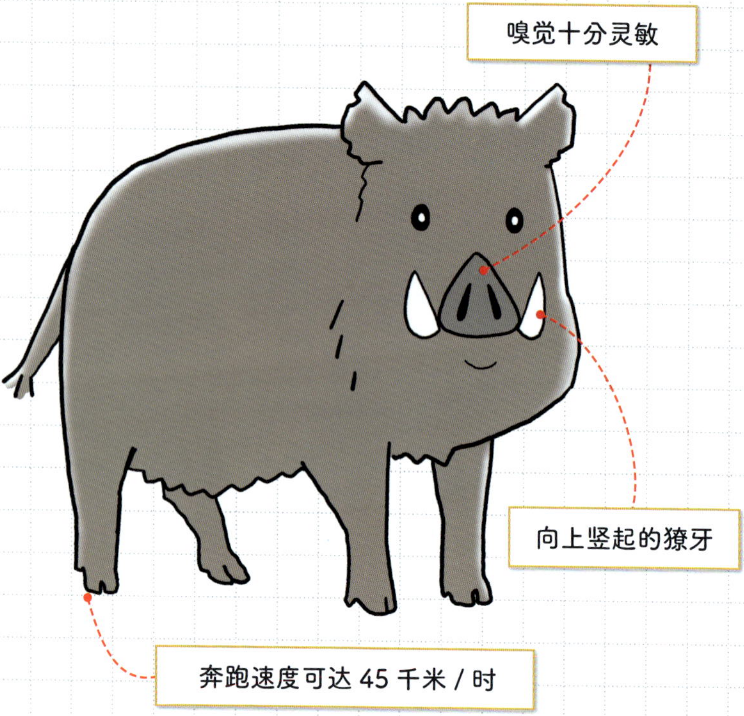
嗅觉十分灵敏
向上竖起的獠牙
奔跑速度可达 45 千米 / 时

现在经常出现在人们生活的地方

野猪有着锋利的獠牙，奔跑速度十分惊人，进攻时一边冲锋一边用锋利的獠牙顶撞敌人。如果被野猪袭击，非常容易受伤。近年来，野猪在人们生活的地方频频出现，伤人事件也有所增加。

小贴士

- 分类：猪科
- 体长：1.5~2 米
- 分布：亚欧大陆大部、非洲北部和马来群岛
- 危险：獠牙、冲撞

幼年野猪身上长有黑色条状花纹。

说不定
敦实
我体重可达200千克，
啪嗒
啪嗒
啪嗒
啪嗒
奔跑时速可达45千米，
嗷呜呜呜呜呜
再加上我锋利的獠牙，
嗷呜呜呜
说不定我可以打赢熊哟。
那对付区区人类更是不在话下嘛。

小知识 家猪是被人类驯养的动物。

危险度!!

档案 24

用臭味吓退敌人

北美臭鼬

显眼的黑白色花纹
能从肛门附近的臭腺喷出臭液

能喷出有强烈刺激气味的液体

北美臭鼬遭遇敌人袭击时会从肛门附近的臭腺喷出雾状的臭液来吓退敌人。喷出的臭液能飞出 3 米远，气味非常难闻，具有极强的刺激性，不慎吸入的话会恶心呕吐，溅入眼睛的话有可能导致失明。

小贴士

- 分类：臭鼬科
- 体长：33~46 厘米
- 分布：加拿大南部至墨西哥北部
- 危险：臭液

有的臭鼬喷射臭液是用倒立姿势的。

鼻子

我一般都在夜间活动。
你知道吗，
因为夜行性动物的鼻子一般都比眼睛好用，
所以臭屁特别有效。
好聪明！
抓
但是这招对猛禽没用。
扑腾
扑腾
因为它们是依靠眼睛搜寻猎物的……
被抓走了……

屁

三，
二，
一！
噗
我是这样保护自己的！
臭晕我了……

小知识 臭鼬的远亲黄鼬（亦称黄鼠狼），肛门旁边也有一对臭腺，能放出臭气御敌。

专栏

敏捷的生物

要在自然界生存下去，有一点很重要：比其他动物跑得更快。无论是为了保护自己不被捕猎，还是为了成功捕获猎物，跑得越快，越容易生存。

危险度

黑曼巴蛇

黑曼巴蛇的移动时速可达 11 千米。一旦黑曼巴蛇被逼入绝境，它会放弃逃跑，掉过头来，以可怕的速度，用毒牙攻击敌人，此时敌人很容易被杀个措手不及。

危险度

非洲象

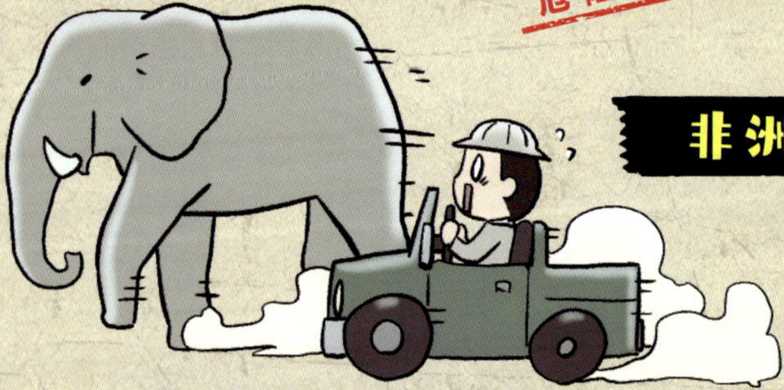

非洲象是现存陆地上最大的动物。我们会下意识觉得体形巨大的非洲象走起来应该慢悠悠的，但其实非洲象奔跑的时速可以达到 40~50 千米，这个速度都可以和普通汽车相提并论了。巨大的体形加上奔跑时的速度，其他生物见了它都只能迅速开溜。

危险度

噬人鲨

噬人鲨游动时速可达 50 千米。尽管它并不是海洋生物里游动速度最快的，但噬人鲨有着发达的感觉器官，对气味十分敏感，可以闻到 100 米以外的血腥味，并迅速冲过去觅食。

危险度

金环胡蜂

处在繁殖期的金环胡蜂极具攻击性，哪怕只是接近其巢穴也会遭到它们的攻击。它们的飞行时速可达 40 千米，人类即便全力逃跑也会被追上。金环胡蜂在发起进攻前会让强劲有力的颚部剧烈碰撞，发出响声来威吓敌人。如果遇到这种情况，一定要注意保护头部，尤其是眼睛等脆弱部位，慢慢小步后退，离开它的戒备范围。

专栏 专栏

危险度!!

档案 25

颌部强有力的群体猎手

斑鬣狗

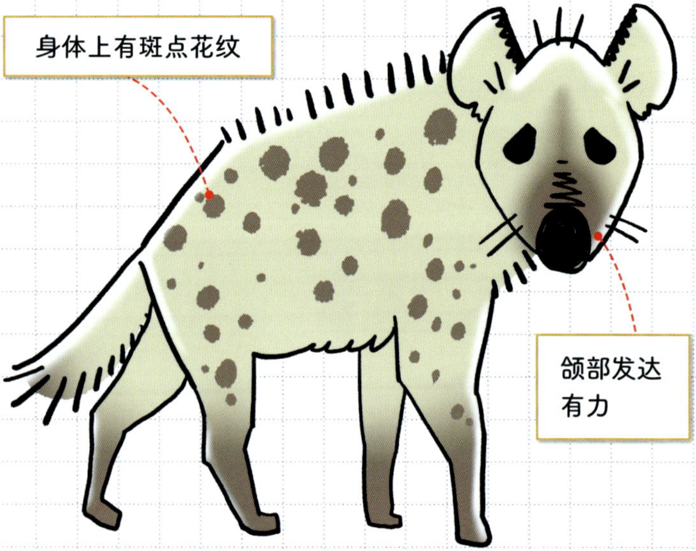
身体上有斑点花纹
颌部发达有力

斑鬣狗并不是只吃死尸的肉

大家都知道，斑鬣狗会吃其他动物的尸体，但其实斑鬣狗也会单独或群体狩猎猎物。它们会团体合作，对猎物穷追猛打。进食时，斑鬣狗会用发达的颌部和锋利的牙齿撕下肉来吃。

小贴士

- 分类：鬣狗科
- 体长：0.95~1.66 米
- 分布：非洲（撒哈拉以南）
- 危险：利齿

斑鬣狗用来咀嚼的槽牙甚至可以咬碎骨头。

倒不如说……

斑鬣狗耐力惊人，能一直追逐到猎物精疲力尽。
利用有力的颌部和团体合作的策略，进行狩猎。
嘶哈
我们比狮子更擅长群体狩猎。
哇~
我一直都觉得你们总是在抢其他动物的猎物。
倒不如说是狮子一直在抢我们的猎物……
真的吗?!

小知识 斑鬣狗在热带草原的诸多动物里属于体形较小的动物，但是它颌部的力量比狮子更强！

危险度!!

档案 26

豪猪

身上长满了保护自己的尖刺

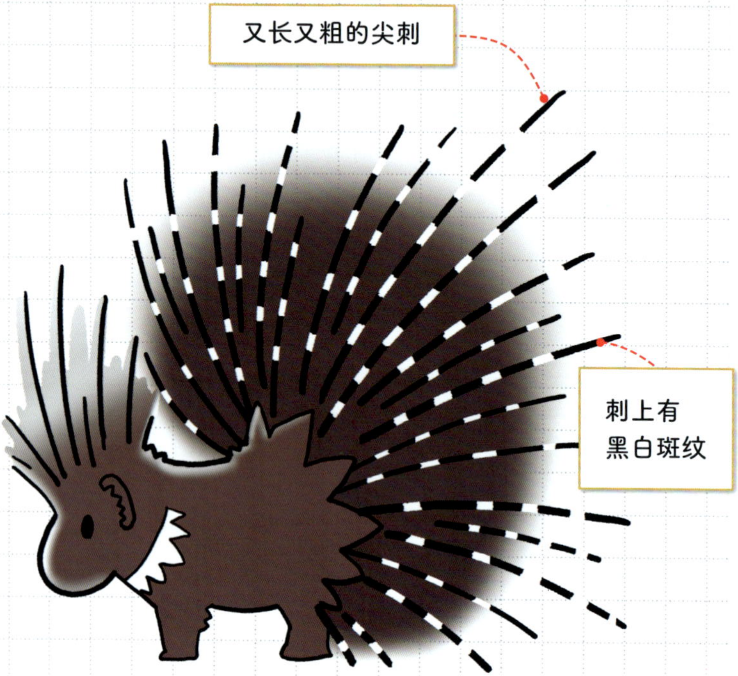
又长又粗的尖刺
刺上有黑白斑纹

用尖锐的刺保护自己

豪猪背部长满了锐利的尖刺，长度大约有 30 厘米，能在敌人攻击时竖起来保护自己。这些刺十分锋利，很容易扎入敌人的身体，所以豪猪受到攻击时会转过身背对着敌人，让尖刺刺向对方。平时，尖刺是贴在身上的，不会一直竖起。

小贴士

- 分类：豪猪科
- 体长：60~80 厘米
- 分布：亚洲、非洲和欧洲南部
- 危险：尖刺

豪猪的主要食物是树根和球茎。

最好的防御是……

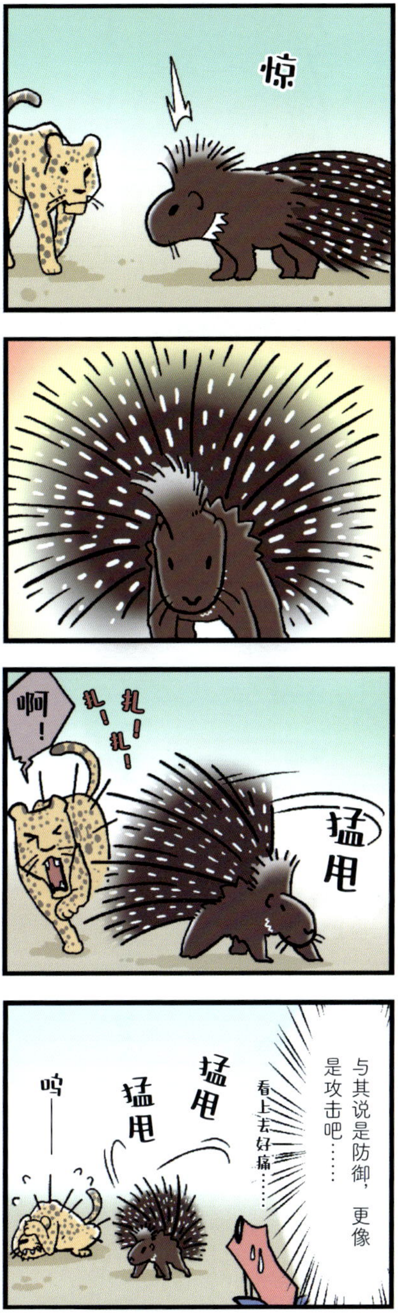
惊
啊！
扎！
扎！
扎！
猛甩
呜——
猛甩
猛甩
看上去好痛……
与其说是防御，更像是攻击吧……

小知识 有的豪猪会让自己的尖刺相互碰撞发出响声来吓退敌人。

危险度!!

档案 27

性格十分凶暴

日本猕猴

和人类一样有 32 颗牙齿，其中包括又尖又大的犬齿

牙齿尖利的凶暴猕猴

日本猕猴看上去可爱，但野生的日本猕猴十分具有攻击性，不论是与它长时间对视，或是激怒它，都有可能遭到它的攻击。日本猕猴的牙齿大而锋利，一旦被它咬伤，可能会造成严重的伤口。翘起尾巴的日本猕猴是族群的首领。

小贴士

- 分类：猴科
- 体长：50~60 厘米
- 分布：日本（下北半岛以南）
- 危险：尖牙

日本猕猴一般由首领带领，过着集体生活。

威吓

嗯？
你小子想打架吗？
没、没有啊。
那你干吗一直看我？
哎?!
遇到猴子应该挪开视线，慢慢走开。
嗷嗷嗷
嗷嗷嗷
下次知道了！

密谋

日本猕猴的味觉十分发达。
果实好好吃。
虫子也好吃。
不过说到底，还是人类的食物最好吃。
滋味最丰富。
那我们再去抢几个商店？
走走走！

小知识 猴子可能会抢走你的零食或者眼镜等随身物品，所以遇到它们要小心。

危险度!!

档案 28

踢打的威力数一数二

鹤鸵

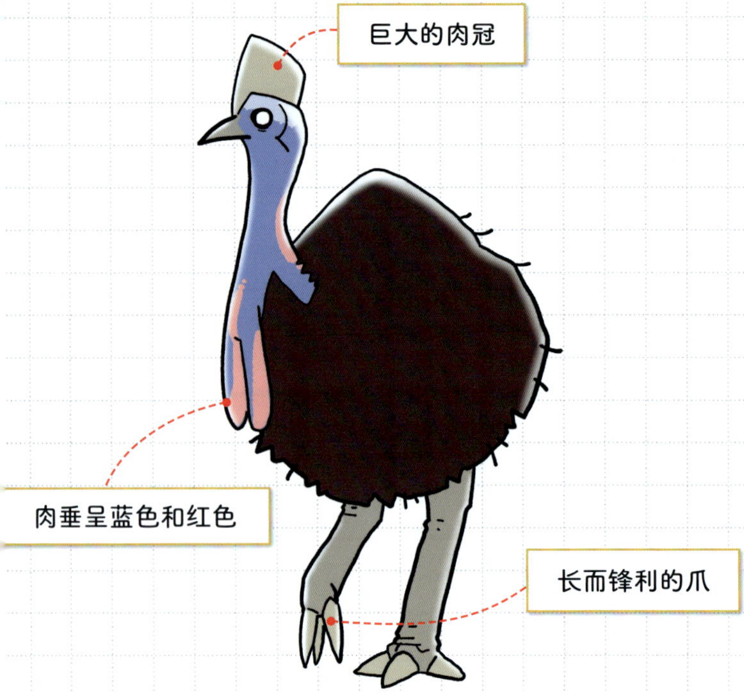
巨大的肉冠
肉垂呈蓝色和红色
长而锋利的爪

锋利的爪十分危险

鹤鸵不会飞行，但腿部非常发达，善于奔跑。足部有三根脚趾，上面覆盖有鳞片。内侧脚趾有长达 10 厘米的指甲，可以用来攻击，人类一旦被踢中，有可能危及生命。

小贴士

- 分类：鹤鸵科
- 体长：1.3~1.7 米
- 分布：新几内亚岛、澳大利亚北部
- 危险：爪（飞踢）

鹤鸵有很强的领地意识，
其他鸟类进入它们领地
的话，鹤鸵会进行驱逐。

自然的好伙伴

我们会走很远，
找各种植物果实吃，
然后拉出屁屁。
噗
走过的路沿途会形成树林。
太棒了！

家庭主夫

绿色的蛋！好大！
这是我夫人生的蛋哟。
鹤鸵先生，你夫人现在在哪里呢？
出去了……和其他雄鸟……
我爸爸告诉我，我妈妈也是这样的。
踢
踢
鹤鸵就是这样的生物啊……
折断
踢打的威力真可怕啊！

小知识 即便是自己的孩子，长大后也会被成年鹤鸵赶出自己的领地。

危险度!!

档案 29

一旦咬住就绝不松口

大鳄龟

像鸟喙一样的嘴巴
背甲凹凸不平
像蚯蚓一样的舌头

像鸟喙一样尖尖的嘴巴

大鳄龟的捕食方式是在水里张开嘴巴，伸出并扭动蚯蚓一样的舌头，吸引猎物靠近自己，然后一口咬住。鸟喙一样的嘴巴能紧紧咬住猎物，再加上大鳄龟颚部十分发达，一旦猎物被它咬住就很难挣脱，人类被它咬住也会受重伤。

小贴士

- 分类：鳄龟科
- 背甲长：40~80 厘米
- 分布：北美洲南部
- 危险：嘴巴（咬伤）

大鳄龟的颚部十分发达，
甚至能咬断人类的手指。

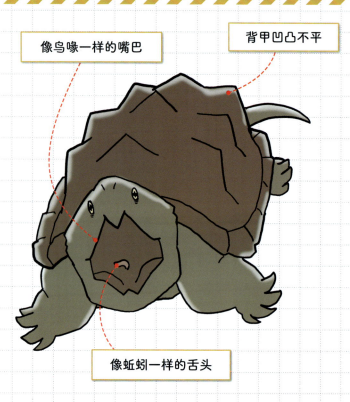

无敌

大鳄龟的头很大，
卡住
卡住
因此无法缩入龟甲之中。
随便啦！反正我成年之后非常厉害。
长大后的大鳄龟在自然界几乎没有天敌。
日本：
没有鳄鱼的国家。

像鳄鱼一样

张开
哇，鳄鱼?!
我是大鳄龟！
原来是龟啊……
咬合力能达到400千克左右。
这是个什么概念呢？
如果是人类手指的话，一次应该能咬断好几根吧。
真的吗?!

小知识 在中国，大鳄龟属于外来物种，法律规定不允许私自放生到自然水域。

专栏

假饵

陷阱

危险度

看起来好好吃！
扭动
啪
呀！
咬住
扭动
吓死我了！
舌头像钓鱼的假饵一样呢。
坚硬的背甲
强有劲的颚部
陷阱
装备齐全的感觉。
这都是为了活下去。

防不胜防！
危险生物轻图鉴

大鳄龟

大鳄龟生活在北美洲南部，是背甲长度可达 80 厘米的大龟。大鳄龟觅食时，它会在水底张开大嘴，伸出舌头。大鳄龟舌头的尖端有两条肉色的像小蚯蚓一样的分叉，它用这个结构当诱饵来引诱鱼类靠近自己的嘴巴，并一口咬住上当的鱼儿。

危险度

鮟鱇

鮟鱇鱼有许多种，其中大多数都和大鳄龟一样会使用假饵来吸引猎物。它们伸展自己的背鳍，把它当作一个小钓竿，钓竿尽头下垂，鱼鳍随着水流摇动，就像鱼饵一样。不少小鱼上当接近假饵，而这时鮟鱇会将靠近的小鱼一口吞掉。生活在深海的提灯鮟鱇也有假饵，发光的假饵在昏暗的深海里吸引着无知的猎物。

危险度

危险度!!

档案 30

凶猛的食肉动物

科莫多巨蜥

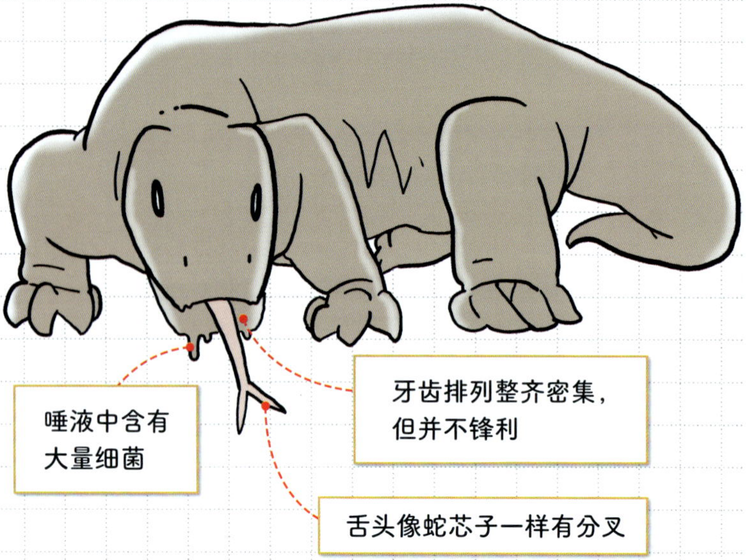
唾液中含有大量细菌
牙齿排列整齐密集，但并不锋利
舌头像蛇芯子一样有分叉

现存体形最大的蜥蜴

科莫多巨蜥是现存体形最大的蜥蜴，体长可达 3 米。有研究表明，科莫多巨蜥有毒腺，毒液可随啃咬注入猎物体内。因为毒素发作缓慢，所以科莫多巨蜥会执着地追击被它咬伤的猎物直至其衰弱。

小贴士

- 分类：巨蜥科
- 体长：2~3 米
- 分布：印度尼西亚（科莫多岛）
- 危险：毒液

幼年科莫多巨蜥会在树上捕食虫类。

任人宰割

嗅
嗅
舔
舔
即便猎物逃走了，我也能闻到它的血腥味。
呜
哼
看吧，找到了！
跑不动的猎物就是一块肉而已。
好可怕！

毒素发作

咬
咬
啊，捕猎失败了！
逃跑
那可不一定哟。
被我咬伤的猎物会因为伤口无法止血，最终失血过多而无法动弹。
毒素发作大概需要一整天吧。
猎物已经逃走了吧！

小知识 科莫多巨蜥曾经被人误认成传说中的龙，因此又被称为科莫多龙。

毒液喷射距离可达 2 米

火蝾螈

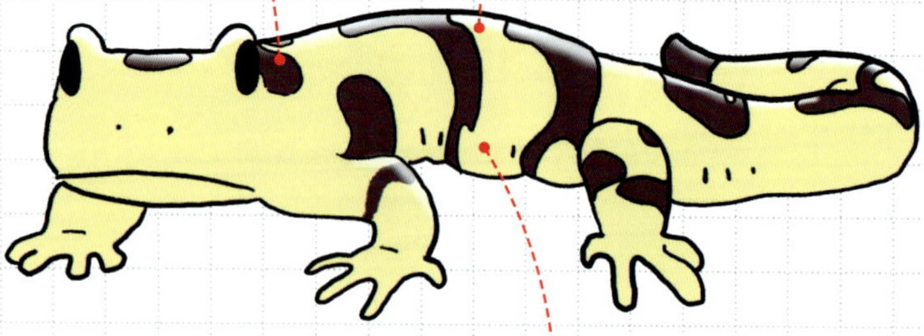
毒液从眼睛后方的毒腺喷出
背部也有毒腺
身体呈黄色，且有黑色斑纹

令人惧怕的黄黑色身体

火蝾螈（即真螈）属两栖纲蝾螈科。身体呈黄色，有黑色的斑纹。眼睛后方和背部有毒腺，可以喷出毒液，喷射距离大约在 0.4~2 米。它以蚯蚓和昆虫的幼虫为食。

小贴士

- 分类：蝾螈科
- 体长：约 14~28 厘米
- 分布：中欧、东欧和南欧的大部分地区
- 危险：毒液

它们同时还是十分受欢迎的宠物。

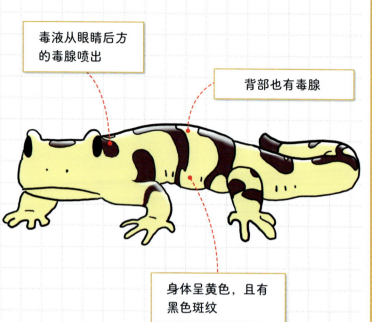

人气

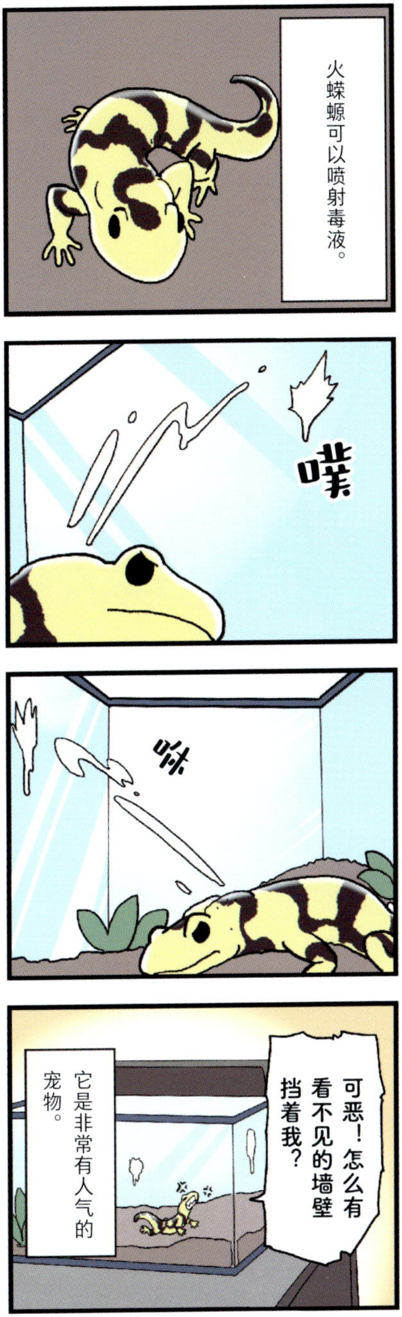
火蝾螈可以喷射毒液。
噗
咻
可恶！怎么有看不见的墙壁挡着我？
它是非常有人气的宠物。

小知识 中国的大部分蝾螈都有毒。

危险度!!

档案 32

毒箭的灵感来源

金色箭毒蛙

身体表面各处都有毒腺，可以分泌毒液
身体颜色艳丽

艳丽的颜色其实是警戒色

金色箭毒蛙的皮肤表面能分泌出剧毒，这种毒液比河豚的毒素还要强 4 倍。南美洲的土著会使用金色箭毒蛙的毒液制作毒箭，这也是它名字的由来。

小贴士

- 分类：箭毒蛙科
- 体长：37~47 毫米
- 分布：哥伦比亚
- 危险：毒液

它们生活在热带雨林的地面上。

箭毒

因为金色箭毒蛙的毒性极强，
所以经常被用来制作毒箭。
涂抹
呀——
咻
没有我的毒，你们人类根本捕不到猎物！
快！把我那一份给我！
我们还是吃点虫子算了吧。

同类

啊！是我的同类！
盯——
嗯？怎么了？
你的毒素也没什么大不了的嘛……
连我的脚指头都比不上。
金色箭毒蛙：箭毒蛙科里最毒的蛙。
哦……

小知识 有的箭毒蛙会将蝌蚪养育在自己的背上。

专栏

警戒色

许多生物为了将自己隐藏在周围环境中而进化出了保护色，但也有的生物反其道而行之，故意进化出显眼的颜色来警告其他生物自己身怀剧毒。这种体色叫作警戒色。一旦在这种颜色醒目的生物手上吃过苦头，其他生物就不会再对拥有同样颜色或花纹的生物发起攻击了。

箭毒蛙

危险度

箭毒蛙生活在南美洲的雨林里，体形很小。无论哪一种箭毒蛙都有着艳丽醒目的颜色和花纹，也都能从皮肤分泌毒液。蛙类大多数是夜行性动物，而箭毒蛙因为不必担心自己被攻击，所以大多在白天活动。

珊瑚蛇

危险度

珊瑚蛇身长 0.65~1.15 米，生活在墨西哥及中美洲地区，身体呈黑、黄、红三色。它们以艳丽的颜色警告其他生物自己有剧毒。但是有两种蛇——红光蛇和环纹棱吻蛇，它们和珊瑚蛇有着极为相似的外形，却没有毒，这是在拟态剧毒的珊瑚蛇以保护自己。

危险度!!

档案 33

世界上最长的蛇之一

网纹蟒

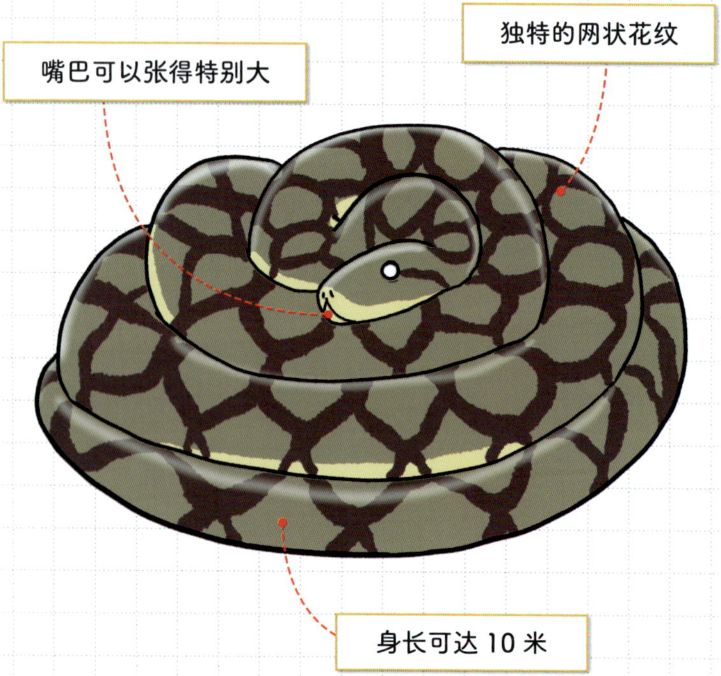
嘴巴可以张得特别大
独特的网状花纹
身长可达 10 米

身长可达 10 米的大蛇

网纹蟒的身长和体形在同类中首屈一指。虽然它是无毒蛇，但它缠绕绞杀猎物的力量不容小觑。网纹蟒绞杀猎物使其窒息死亡后，会张开大嘴，将其一口吞掉。

小贴士

- 分类：蟒科
- 体长：5~10 米
- 分布：东南亚地区
- 危险：绞杀

过去曾经发生过牛、猪等家养牲畜被网纹蟒袭击的事件。

神奇的肚子
你肚子好大。
你吃了什么呀？
一头牛。
虽然知道它会一口吞下猎物，但还是不敢相信它能吞下一整头牛啊……
肚子里？
一整头？
牛？
怎么吃下去的？

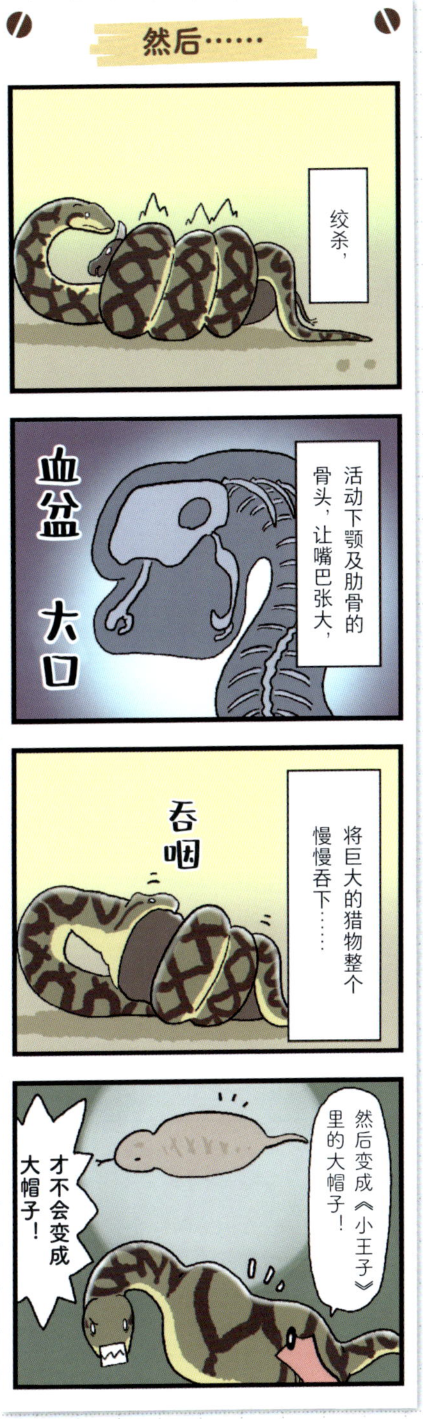
然后……
绞杀，
活动下颚及肋骨的骨头，让嘴巴张大，
血盆大口
将巨大的猎物整个慢慢吞下……
吞咽
然后变成《小王子》里的大帽子！
才不会变成大帽子！

小知识 有人将网纹蟒作为宠物饲养。

阿氏射毒眼镜蛇

危险度!!

档案 34

向敌人喷射毒液

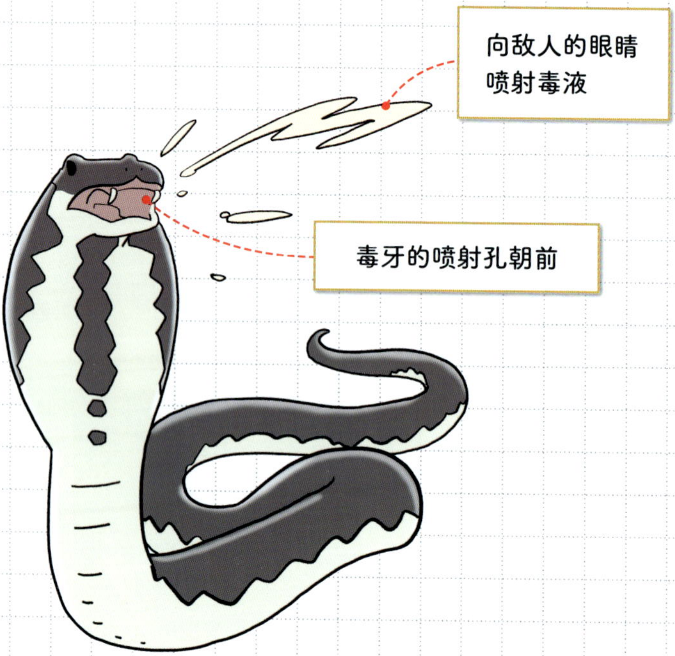
向敌人的眼睛
喷射毒液
毒牙的喷射孔朝前

向敌人的眼睛喷射毒液

阿氏射毒眼镜蛇在攻击时会使用毒牙来咬猎物，但受到威胁时，则是从毒牙向敌人的眼睛喷射毒液。因为阿氏射毒眼镜蛇毒牙上的喷射口是朝向前方的，所以它们能够将毒液射向敌人的眼睛。如果毒液进入人类的眼睛，有可能导致失明。

小贴士

- 分类：眼镜蛇科
- 体长：0.7~1 米
- 分布：东非
- 危险：毒牙

当它立起身子时，毒液
最远可喷出 3 米。

理由

为什么要特意瞄准眼睛喷射毒液呢？
如果毒液击中眼睛，
对方有可能会失明。
扭动
扭动
然后我就可以趁机逃走了……
张开大嘴
或者把它吃掉！

游戏

噗！
哇！
好险！
可惜，没打中。
你对我喷了什么?!
毒液。
击中眼睛 80 分，击中鼻子 50 分，击中脚 20 分。
不要玩这种游戏！

小知识 如果喷射毒液不起作用的话，它们会装死。

专栏

剧毒生物

防不胜防！
危险生物轻图鉴

最强的……
危险度
地纹芋螺，最快两小时。
蓝环章鱼，最快一小时。
箱形水母，最快一分钟。
这是什么时间？
这是人类中毒后到死亡的时间。
哦……
哎!!
我的毒素是不是很厉害呢？

箱形水母

箱形水母有着生物界最强的毒素。无论是鱼类或是虾等甲壳类生物，只要碰到箱形水母的触手，一瞬间就会被毒倒然后被吃掉。箱形水母的触须最长可达 4.5 米，和伞部一样都是半透明的，很难看清楚。人类如果被蜇伤，只需几分钟就会出现呼吸困难、心脏停止跳动等症状。很多人甚至来不及使用解毒剂，就因毒素传遍全身而死。

危险度

地纹芋螺

贝壳虽小，不可小觑。地纹芋螺齿舌上的毒素叫作芋螺毒素，毒性是印度眼镜蛇毒液的 40 倍。人们随意地拾起地纹芋螺，或是用泳衣包裹着拿起它，都会被蜇伤。目前没有对应的血清，因此地纹芋螺十分危险。

危险度

危险度!!

档案 35

双髻鲨

像锤子一样的头部，
性格凶残的鲨鱼

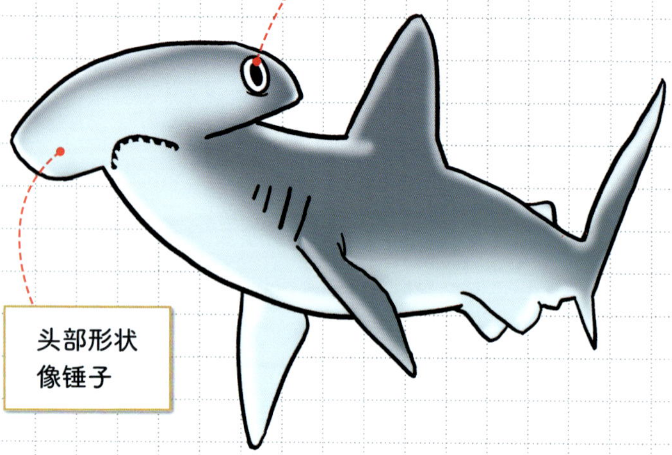
眼睛长在头部两端
头部形状像锤子

左右眼距很宽，外形恐怖

双髻鲨的头部左右两边向外突出，形状类似锤子，因此双髻鲨也被称作锤头鲨。它的眼睛在锤形头部的两端。双髻鲨能轻松捕食有毒刺的赤魟。双髻鲨亢奋时，甚至会攻击人类，是十分危险的鲨鱼。

小贴士

- 分类：双髻鲨科
- 体长：4 米
- 分布：温带及热带海域
- 危险：牙齿（咬伤）

它们会抢走垂钓者手下已经咬钩的鱼。

危险?

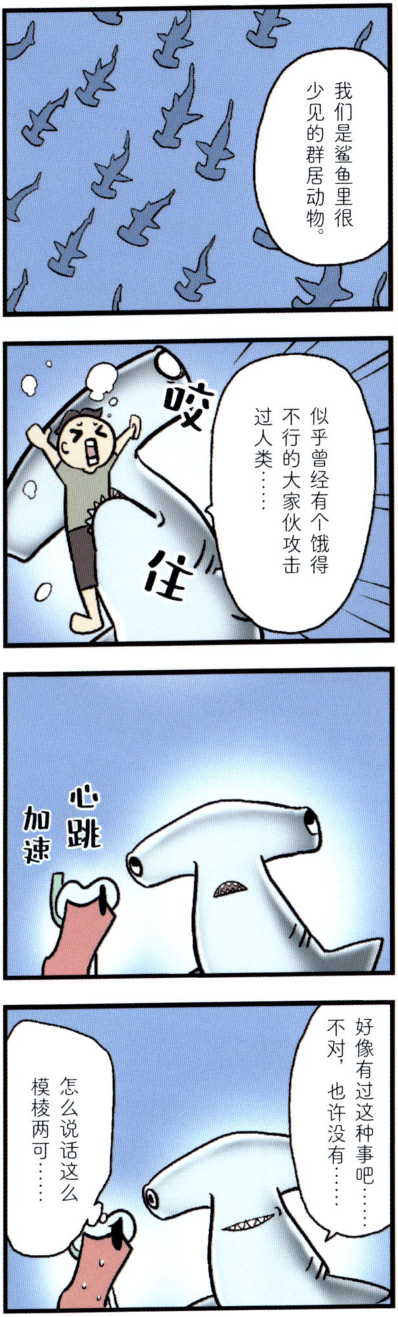
我们是鲨鱼里很少见的群居动物。
咬住
似乎曾经有个饿得不行的大家伙攻击过人类……
心跳加速
好像有过这种事吧……不对，也许没有……
怎么说话这么模棱两可……

应该……

好奇怪的脑袋。
我们的头上密布着洛仑氏壶腹，一种非常灵敏的感觉器官。
摇动
摇动
我们靠它感知微弱的电流，捕获猎物。
我们性格很温和啦，一般不会袭击人类。
应该不会吧……
应该？

小知识 日本沿岸曾出现过数百头双髻鲨聚集的大族群。

专栏

鲨鱼的能力

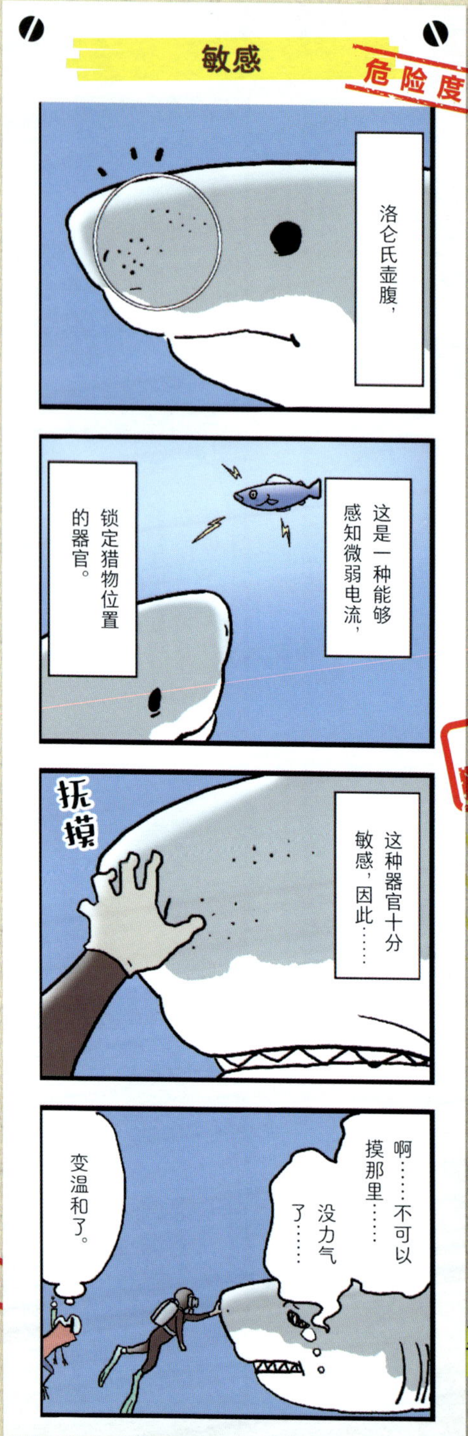
敏感
危险度
洛仑氏壶腹，
这是一种能够感知微弱电流，
锁定猎物位置的器官。
这种器官十分敏感，因此……
抚摸
啊……不可以摸那里……没力气了……
变温和了。

防不胜防！危险生物轻图鉴

洛仑氏壶腹[注]

在鲨鱼的头部、嘴巴周围密布的像小孔一样的器官叫作洛仑氏壶腹，它能感知到微弱电流，而这种电流一般是其他动物的肌肉运动所产生的生物电流。利用这种独特的感知器官，鲨鱼能准确把握猎物的位置。

危险度 ☠

注 洛仑氏壶腹（Ampullae of Lorenzini），由意大利医生洛仑氏于 1678 年发现并命名。

鲨鱼牙和鲨鱼皮

鲨鱼的口腔内部有许多备用的牙齿，如果最外侧的牙齿在捕食时折断脱落，备用的牙齿就会前移。

鲨鱼皮也很有意思。如果从头部向尾部顺着摸，鲨鱼皮的手感是十分光滑的，而反过来从尾部向头部摸，手感则是疙疙瘩瘩的。据说这种皮肤构造可以帮助鲨鱼在游泳时减轻水的阻力。

危险度 ☠☠☠

危险度!!

档案 36

体形巨大，牙齿锋利

巨狗脂鲤

巨大锋利的牙齿

会攻击人类的大型鱼

巨狗脂鲤生活在非洲的刚果河，是刚果河中体形巨大的鱼类。巨狗脂鲤的牙齿类似老虎，十分锋利。它们有时会袭击人类。

小贴士

- 分类：非洲脂鲤科
- 体长：约 1.3 米
- 分布：非洲中部刚果河流域
- 危险：利齿

在未受刺激的情况下，它们的性格温和，因此不要随便刺激它。

有人养吗？

虽然体形巨大、性格凶恶……
但是可以在宠物商店里买到。
真的会有人养它吗？
售卖
一般市面上卖的巨狗脂鲤都是还没有长大的小鱼。
大约10~15厘米
啊！
养几年就会长成鱼缸都装不下的大鱼！
卡住
所以真的有人养吗？

什么都吃

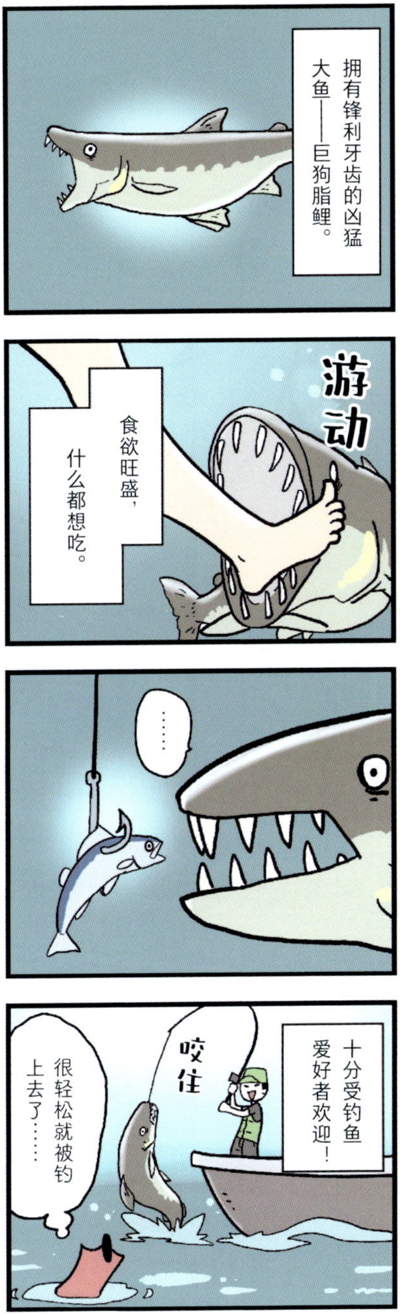
拥有锋利牙齿的凶猛大鱼——巨狗脂鲤。
食欲旺盛，什么都想吃。
游动
……
十分受钓鱼爱好者欢迎！
咬住
很轻松就被钓上去了……

小知识 钓鱼爱好者在钓巨狗脂鲤时，为了不让钓鱼线被它咬断，会使用金属钓鱼线。

档案 37

嘴部尖长，像箭一样

尖嘴后鳍颌针鱼

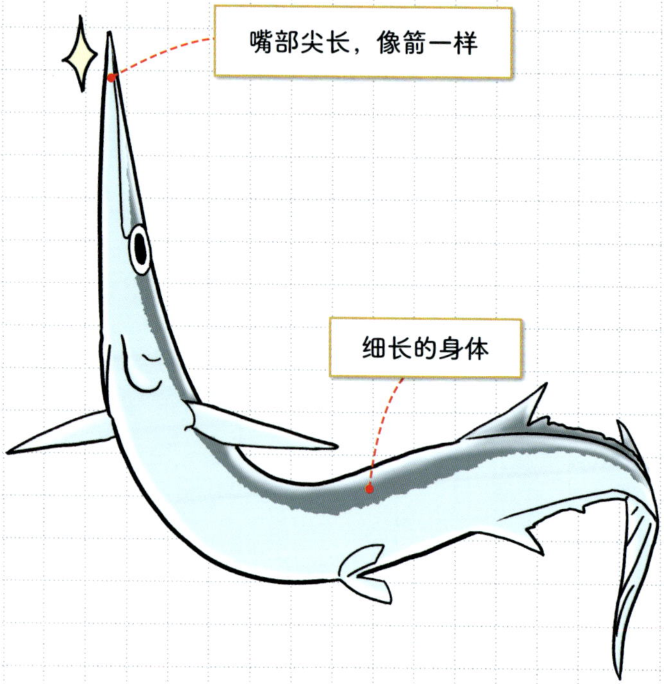

喜欢对着光源冲刺

尖嘴后鳍颌针鱼的嘴部尖长，像箭一样。夜幕降临后，它们会对着光源冲刺，游动速度惊人，因此经常有潜水爱好者被刺伤。它们牙齿锋利，一旦被它们咬伤，很容易造成大型伤口。

小贴士

- 分类：颌针鱼科
- 体长：1 米以内
- 分布：西北太平洋海域
- 危险：尖嘴

尖嘴后鳍颌针鱼喜欢成群结队在水面游泳。

飞镖

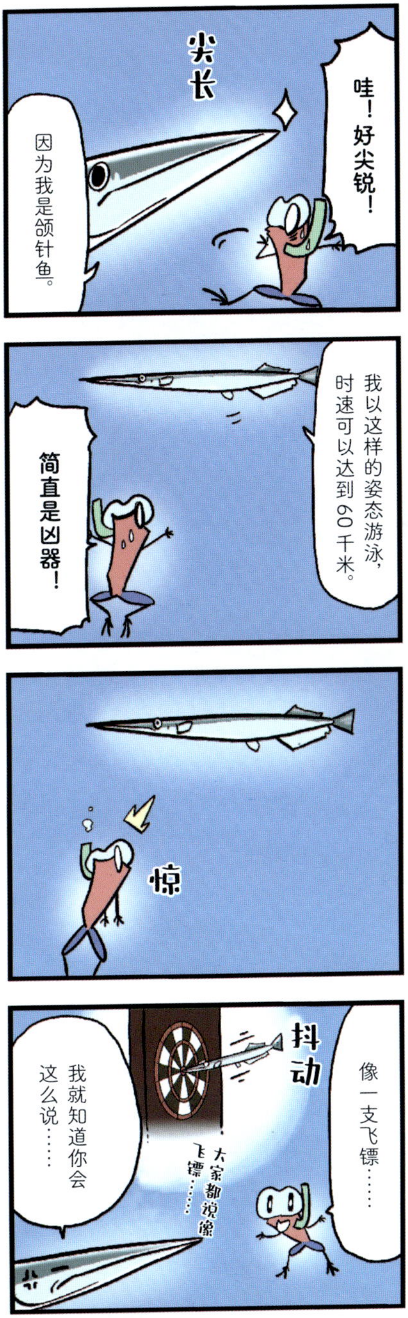
哇！好尖锐！
尖长
因为我是颌针鱼。
我以这样的姿态游泳，时速可以达到60千米。
简直是凶器！
惊
像一支飞镖……
抖动
大家都说像飞镖……
我就知道你会这么说……

小知识 由于它的习性是攻击闪光发亮的东西，所以可以用发光假饵来吸引它。

危险度!!

档案 38

伊氏石斑鱼

连鲨鱼都能一口吞掉

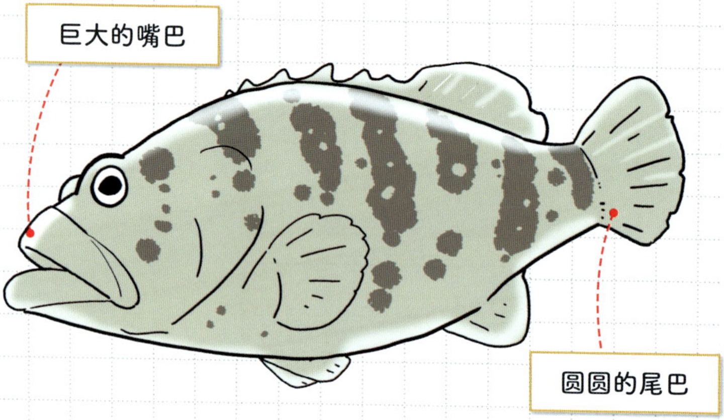
巨大的嘴巴
圆圆的尾巴

最长可超过 2 米的巨大鱼类

伊氏石斑鱼最突出的特点就是它惊人的体形。它们最长可超过 2 米，甚至可以一口吞下小型鲨鱼。伊氏石斑鱼好奇心特别强，各地曾发生过多起其咬伤潜水员的事件。由于伊氏石斑鱼的血盆大口太可怕，所以要注意安全哟。

小贴士

- 分类：鮨科
- 体长：约 2 米
- 体重：约 400 千克
- 分布：大西洋沿岸和太平洋东部海域
- 危险：巨大的嘴巴

伊氏石斑鱼也被称为“巨人石斑鱼”。

不敢相信

你是吃了什么才长这么大呢？
我吃了很多大鱼，
还有很多大虾。
还有，潜水员。
……
潜水员！

大嘴巴

一口
等一下，你刚刚是不是吞了一条鲨鱼？
是的。
哇……
因为这个大小刚好可以一口吞下。

小知识 伊氏石斑鱼曾因被过度捕捞而数量骤减，成为濒危物种。

危险度!!

档案 39

随便乱摸的话会触电

电鳗

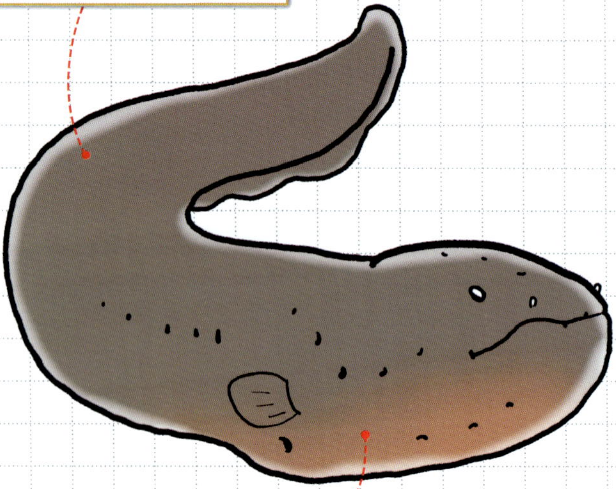
身体后端有放电器官
内脏在身体前端

最大放电电压可达 850 伏特

电鳗的身体上有放电器官。它们通过放电来攻击敌人，捕获猎物。它们放电时的电压有 650~850 伏特。路过河边的人类或在河边饮水的马如果碰到电鳗，一不小心就会发生触电事故。电鳗从水中离开后也能呼吸。

小贴士

- 分类：电鳗科
- 体长：约 2 米
- 分布：南美洲（亚马孙河、奥里诺科河流域）
- 危险：触电

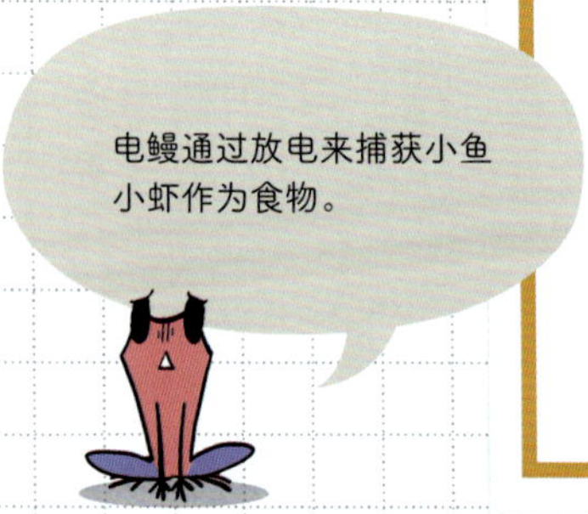
电鳗通过放电来捕获小鱼小虾作为食物。

明明是鱼

噗哈！
噗哈！
你在干吗呀？
在呼吸啊！光靠鳃呼吸的话氧气不够，喘不上气。

强劲

放电使猎物晕倒，
噼啪
或者电死敌人。
噼啪
由于放出的电流太过猛烈……
电鳗本身其实也会触电。
噼啪
啊啊啊啊！
噼啪
这到底算什么事……

小知识 虽然它名字带“鳗”，但从分类上来说它并不是鳗鱼。

专栏

放电攻击

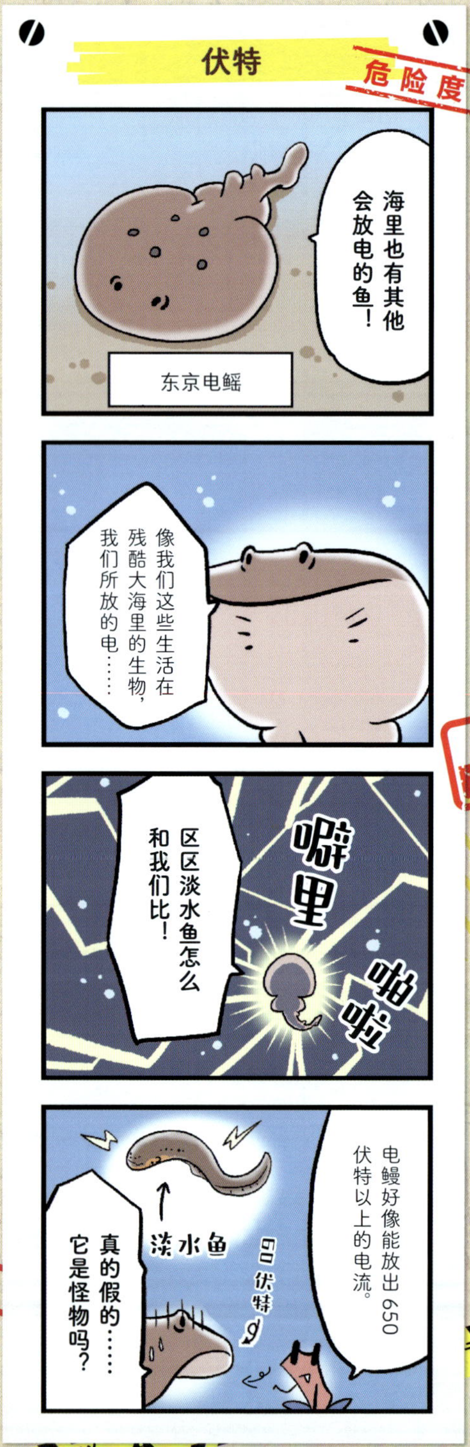

防不胜防！危险生物轻图鉴

危险

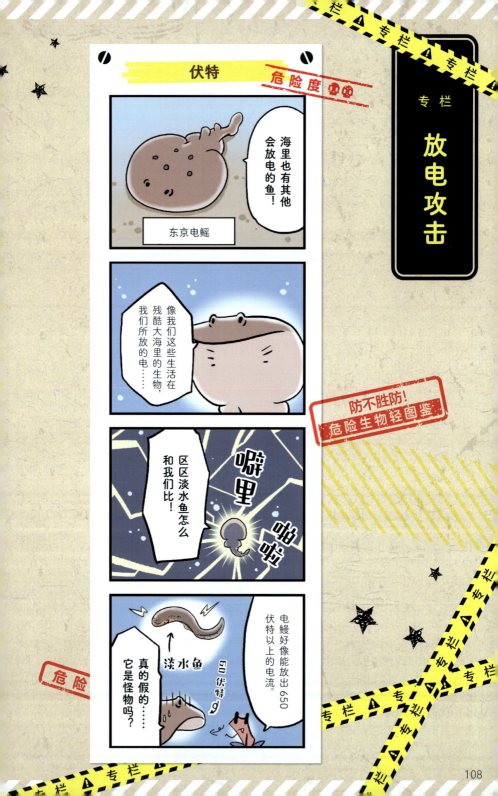

部分肌肉被用作放电器官

危险度

全世界有近 200 种会放电的鱼，绝大多数会放电的鱼都有一种由肌肉变化而成的能放电的器官。这种放电器官由能够产生电流的特殊细胞构成。本来肌肉和神经的活动就会产生微弱的电流，而放电器官里的细胞有特殊的排列方式，能够在一瞬间同时放电，因此能够产生强烈的电流。

放电的用途

大部分电鳐生活在温带及热带海域，平时会潜藏在海底的沙石底下，一旦有小鱼靠近就会突然弹起，将小鱼包住并放电。小鱼因触电无法动弹时，电鳐就会吃掉小鱼。

裸臂鱼生活在非洲的淡水流域，它能在水中放电，并形成一个遍布电流的电场。裸臂鱼可以通过电场来感知周围的动静，寻获猎物，躲避障碍物。由于裸臂鱼生活的水域一般比较污浊，所以这种通过电场感知的器官异常发达。

危险度

危险度!!

档案 40

虽然有剧毒，但是很好吃

红鳍东方鲀

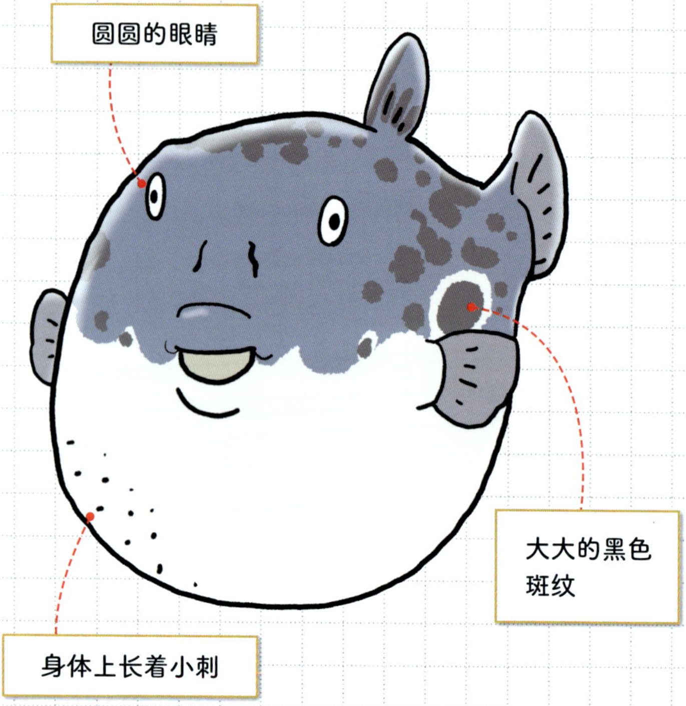
圆圆的眼睛
大大的黑色斑纹
身体上长着小刺

肝脏和卵巢有剧毒

红鳍东方鲀的肉出了名的好吃，但是它的肝脏和卵巢有一种名为河鲀毒素的剧毒。餐厅如果想要推出红鳍东方鲀的菜肴，需要取得相应的资质许可。如果不慎中毒，会产生手脚麻痹、呼吸困难等症状，严重时可导致死亡。

小贴士

- 分类：鲀科
- 体长：约 70 厘米
- 分布：西北太平洋海域
- 危险：食物中毒

人工养殖的红鳍东方鲀是没有毒的。

中弹

在某些地方，人们把我叫作『手枪』。
为什么？
好像是因为吃了我中毒的话，就和中弹了一样，很有可能会死掉呢。
看来你是好吃到中毒也想尝一尝的鱼呢。
是的！

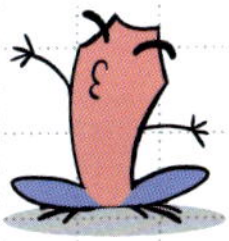

小知识 鲀科的鱼有密集整齐的牙齿，一旦被它咬到，可是很痛的。

危险度!!

档案 41

会主动攻击人类

巴拉金梭鱼

尖利的牙齿
尾鳍深分叉
波浪花纹

牙齿尖利，性格凶暴

巴拉金梭鱼性格凶暴，而且牙齿十分锋利，因此它十分危险。它对人类极具攻击性，曾把人咬成重伤。此外，它的身体里含有肉毒鱼类毒素，人类食用后会中毒。

小贴士

- 分类：魣（yú）科
- 体长：约 1.7 米
- 分布：全世界的海洋
- 危险：利齿、食物中毒

它的中文名是大鳞魣。

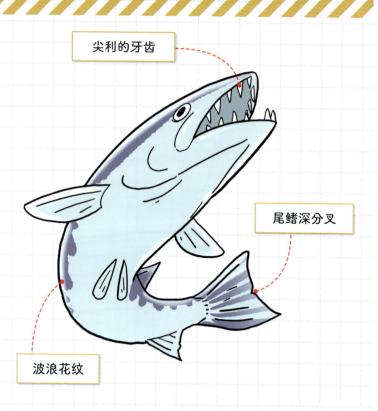

闪闪发光

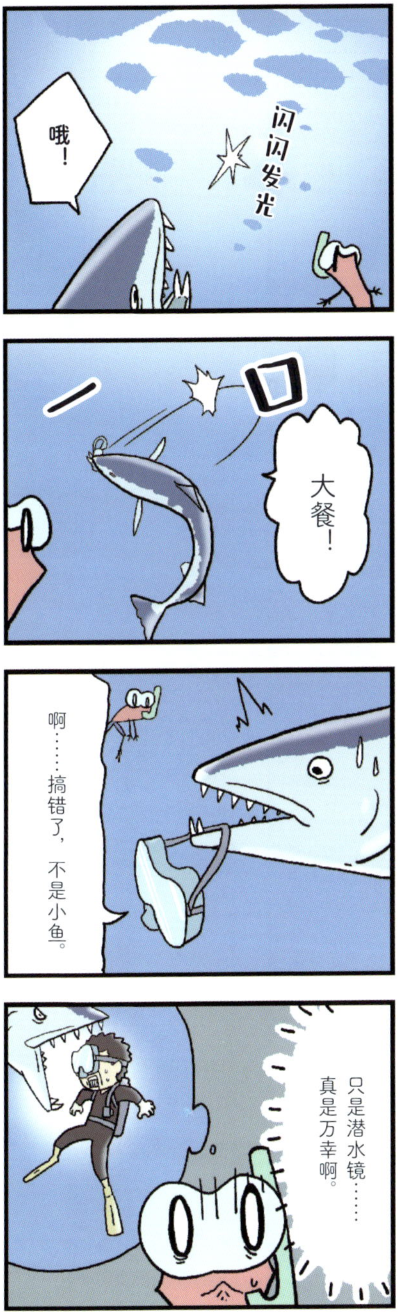
哦！
闪闪发光
一口
大餐！
啊……搞错了，不是小鱼。
只是潜水镜……真是万幸啊。

骨头

巴拉金梭鱼不仅是肉食性动物，而且性格凶暴。
盯住
不少人认为它比鲨鱼更可怕。
那当然！
我才不会输给那些没骨头的家伙！
鲨鱼也有骨头哟，只不过是软的。
软骨鱼类
硬骨鱼类
哼！软骨头不算！

小知识 巴拉金梭鱼的幼体会拟态成海藻和红树。

专栏

从食物中获取毒素

防不胜防！
危险生物轻图鉴

有必要吗?
危险度
巴拉金梭鱼会吃有毒的浮游生物，
有毒的小鱼或甲壳类生物。
正因为吃的食物大多有毒，
吞下
所以我也有毒。
嘻嘻♪
我一点都不担心！
没有人会吃你的啦！

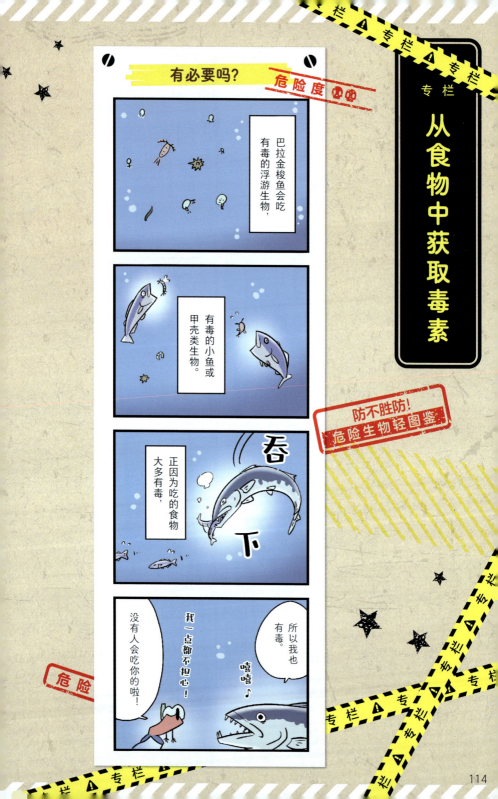

河鲀毒素

鲀科鱼类本来是无毒的，它们所带的毒素来源于海里有毒的细菌。食用了这些有毒细菌的生物会变得有毒，而吃掉这些生物的生物也会携带同样的毒素。就这样，毒素沿着食物链逐级传递，毒性变得越来越强。河鲀毒素正是这样通过食物链富集的毒素。人工养殖的河豚等鲀科鱼类，由于食物都是无毒的，所以它们体内没有毒素。

危险度

肉毒鱼类毒素

生活在珊瑚礁附近的鱼类的体内一般都会带有肉毒鱼类毒素。这种毒素主要富集在鱼类的肝脏内，人类食用后，毒素会攻击神经和肠胃消化系统。与鲀科生物类似，含有肉毒鱼类毒素的鱼类本身不产生毒素，只是在摄入了含有毒素的浮游生物后，毒素逐渐沉积在体内。正因为肉毒鱼类毒素是通过食物链传递，所以即便是同种鱼，生长环境不同，所含的毒素量也会有所不同，有的甚至可能不含毒素。

危险度

专栏 专栏 专栏

危险度!!

档案 42

发出蓝光的毒章鱼

蓝环章鱼

虽然是章鱼，
但是不会喷墨
受到威胁时，身上的蓝环会闪烁

环纹会闪烁蓝色的光

蓝环章鱼体形非常小，但是它的毒素却不容小觑。人类如果被它咬伤，可能会危及生命。蓝环章鱼的毒素和鲀科一样，都是河鲀毒素。如果在海岸的岩石上发现蓝环章鱼，千万不要去抓它！

小贴士

- 分类：章鱼科
- 体长：约 10 厘米
- 分布：印度洋和西太平洋的热带、亚热带海域
- 危险：毒素

蓝环章鱼一般生活在
岩礁或珊瑚礁上。

温暖
我喜欢温暖的海洋。
嗯。
比如东京湾。
东京湾很暖和吗？
冬天不冷吗？
最近东京湾越来越暖和了，我很喜欢。
原来是全球变暖的缘故。

警告
好小一只……
惊醒
弹起
哇！
警告！警告！
接近我是非常危险的！我有致命毒素！
我身体里的毒素的毒性是氰化钾注的800倍！
氰化钾？
谢谢你告诉我……

注 氰化钾，剧毒物质，米粒大小的氰化钾粉末就可能致人死亡。

小知识 我们平时吃的章鱼其实都带有微弱的毒性。

危险度!!

档案 43

长着红色菌盖的毒蘑菇

毒蝇鹅膏菌

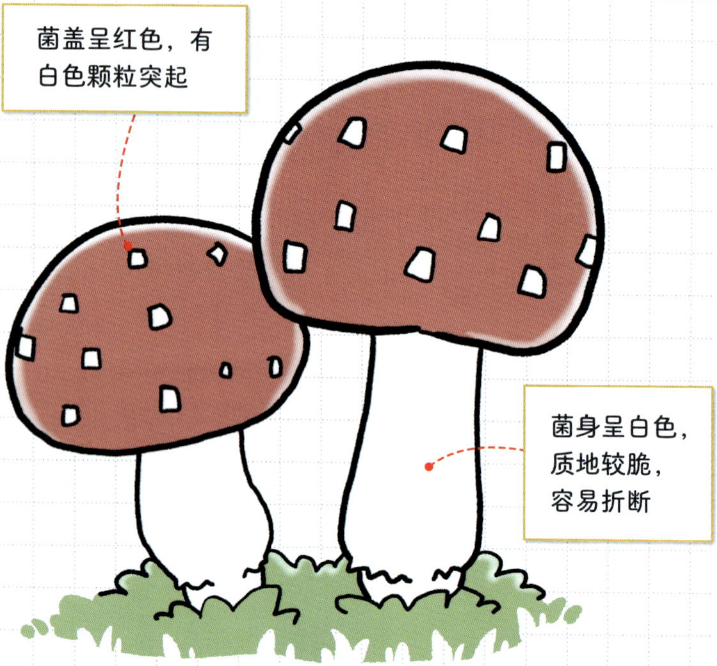
菌盖呈红色，有
白色颗粒突起
菌身呈白色，
质地较脆，
容易折断

毒蘑菇的代表

毒蝇鹅膏菌的菌盖一般是鲜艳的红色或橙色，上面有许多白色颗粒状凸起。它的形态和可食用的无毒菌“鹅蛋菌”（拟橙盖鹅膏菌）非常相似，所以需要特别注意。人类食用毒蝇鹅膏菌后会出现恶心、腹泻、呕吐、幻觉等症状。

小贴士

- 分类：鹅膏菌科
- 菌盖直径：约 6~15 厘米
- 分布：北半球温带和寒带大部分区域
- 危险：食物中毒

毒蝇鹅膏菌一般生长在
海拔较高的山林里。

苍蝇

嗡嗡嗡
苍蝇喜欢的蘑菇
毒蝇鹅膏菌在过去
经常被用来防蝇。
扑通
虫子也会中毒。
青蛙们爱吃苍蝇！

上吐下泻

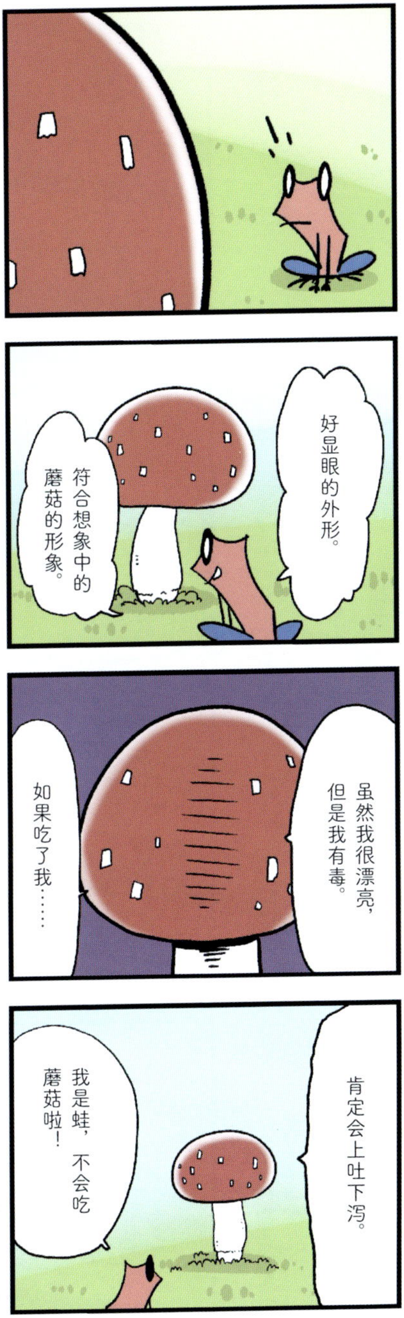
好显眼的外形。
符合想象中的蘑菇的形象。
虽然我很漂亮，但是我有毒。
如果吃了我……
肯定会上吐下泻。
我是蛙，不会吃蘑菇啦！

小知识 人们曾将它制作成杀虫剂。

专栏

无法分辨毒蘑菇和无毒蘑菇

分辨不出来
危险度
这些是毒蘑菇！
菌身中间竖着裂开
颜色鲜艳
这个看起来普普通通，应该是无毒蘑菇吧。
我有毒！
你说的这些分辨方法都是迷信，根本不能分辨哪些是毒蘑菇。
怎么会……
我已经把这个错误的方法教给朋友了……
这个颜色的蘑菇有毒！
厉害！
长见识了。
嗯嗯。

防不胜防！
危险生物轻图鉴

错误的分辨方法

危险度

颜色不鲜艳的蘑菇是无毒的？

只要把蘑菇晒干就没有毒？

虫子正在吃的蘑菇，人类也可以吃？

菌盖内侧像海绵一样软软的蘑菇可以吃？

分辨蘑菇的方法众说纷纭，但事实上这些分辨方法都没有科学依据，是不可信的。有很多毒蘑菇也符合上述的无毒蘑菇特征。不是专业学者的话，一般人很难分辨蘑菇究竟有毒还是无毒，所以一定要注意，不要随意食用野生蘑菇。

三种容易引起食物中毒的毒蘑菇

月夜菌（日本类脐菇）、褐盖粉褶菌、褐黑口蘑这三种蘑菇的颜色并不鲜艳，而且外形和可食用的蘑菇很相似，因此经常发生误食这三种毒蘑菇而导致的食物中毒事件。总之，“颜色不鲜艳的蘑菇可以吃”这种说法并不可信。

危险度

危险度!!

档案 44

被蜇伤会剧痛

红火蚁

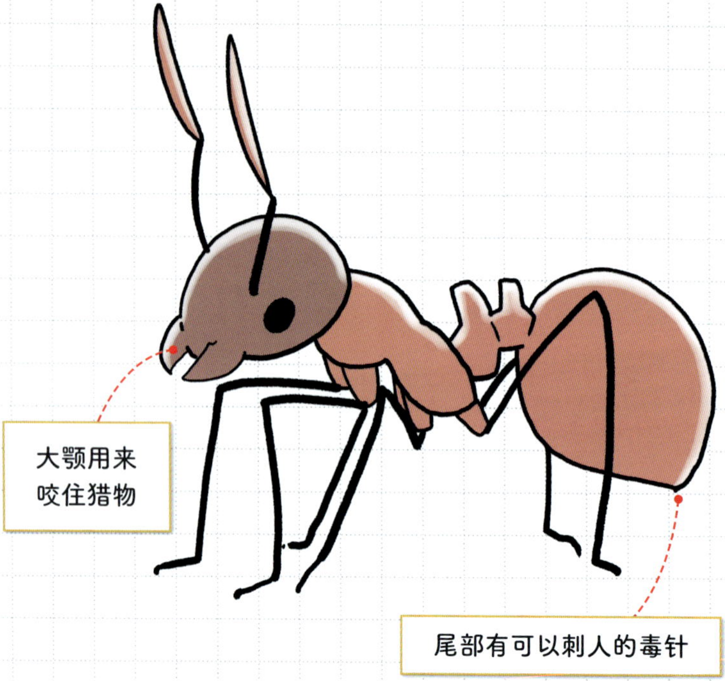
大颚用来咬住猎物
尾部有可以刺人的毒针

与船运货物一同来到亚洲的入侵物种

红火蚁带有毒素，人类被蜇伤后，伤口会有火烧一般的瘙痒和疼痛感，红火蚁也因此得名。一部分人对它的毒素过敏，严重时会导致死亡。红火蚁不是亚洲的本土物种，它是随着国外船运货物一同传入亚洲的外来入侵物种。

小贴士

- 分类：蚁科
- 体长：3~8 毫米
- 分布：原产于南美洲
- 危险：毒针

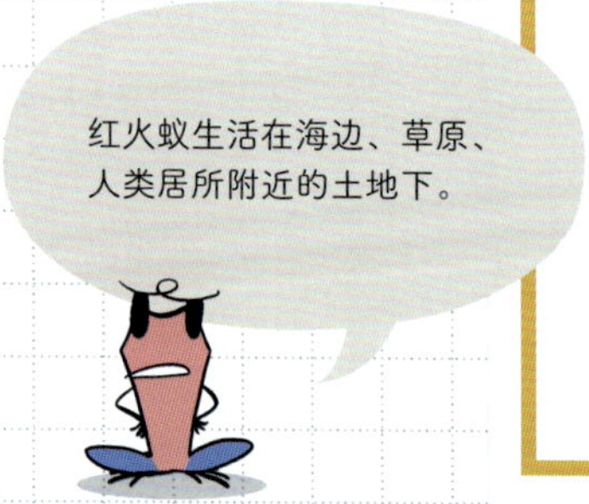
红火蚁生活在海边、草原、人类居所附近的土地下。

新天地

新天地！
让我们征服这个国家！
挡我路者都来尝尝毒针的厉害！
扎
扎
逐渐壮大我们的势力！
嗡嗡嗡
呀！
红火蚁的天敌是寄生在红火蚁身上的蚤蝇。
啊——
呀——
蚤蝇
这就是微观世界……

危险度!!

档案 45

能弹跳起来捕捉猎物

斗牛犬蚁

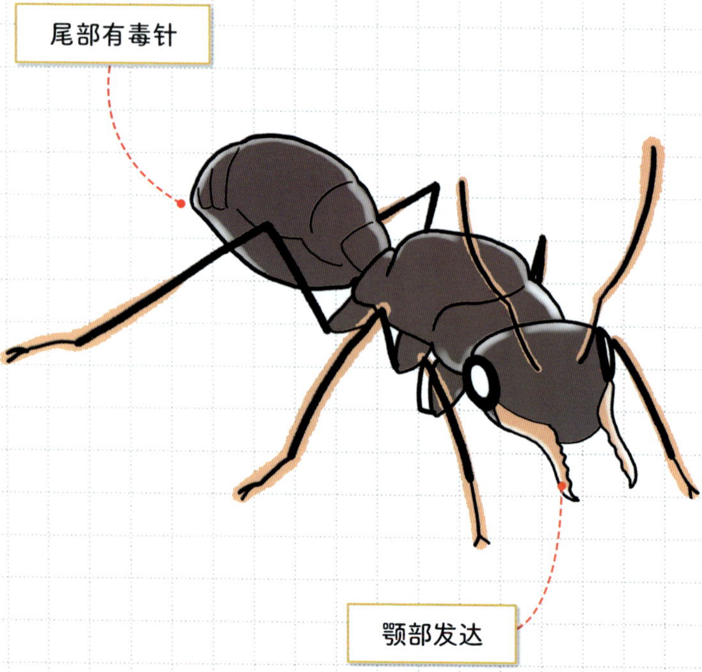
尾部有毒针
颚部发达

带有剧毒的蚂蚁

斗牛犬蚁也叫多毛牛蚁，有毒针和发达的颚部。被斗牛犬蚁蜇伤的人，如果对它的毒素过敏，恐怕会有生命危险。它移动速度非常快，弹跳力惊人，能跃起 10 厘米左右，捕捉正在空中飞行的苍蝇。

小贴士

- 分类：蚁科
- 体长：10~15 毫米
- 分布：澳大利亚东南部及塔斯马尼亚岛
- 危险：毒针

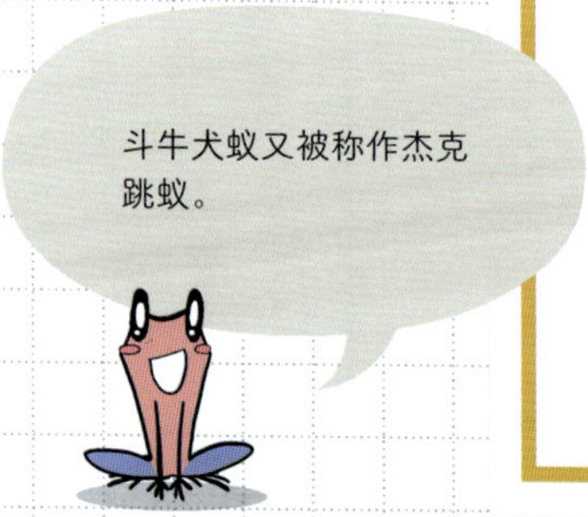
斗牛犬蚁又被称作杰克跳蚁。

弹跳

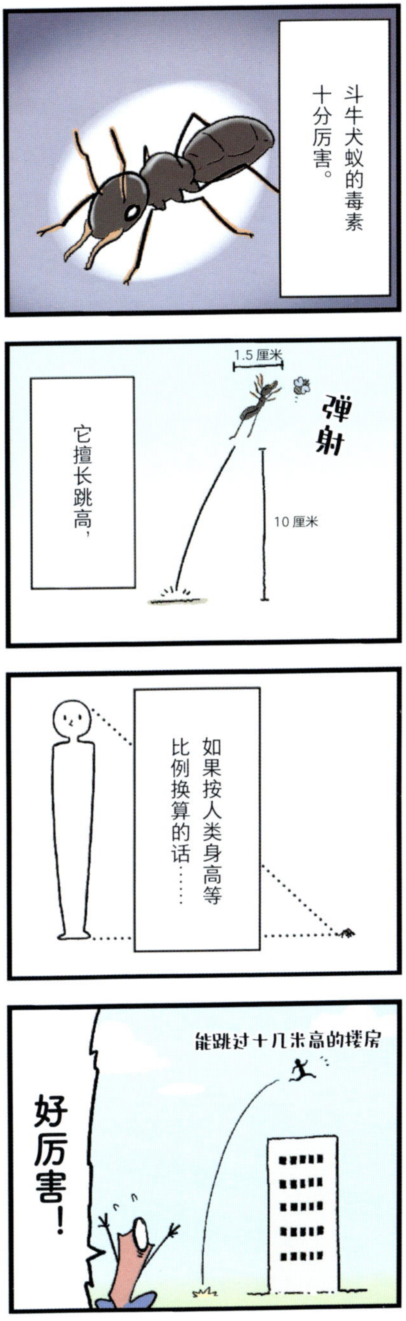

斗牛犬蚁的毒素十分厉害。
它擅长跳高，
1.5 厘米
弹射
10 厘米
如果按人类身高等比例换算的话……
能跳过十几米高的楼房
好厉害！

无意义

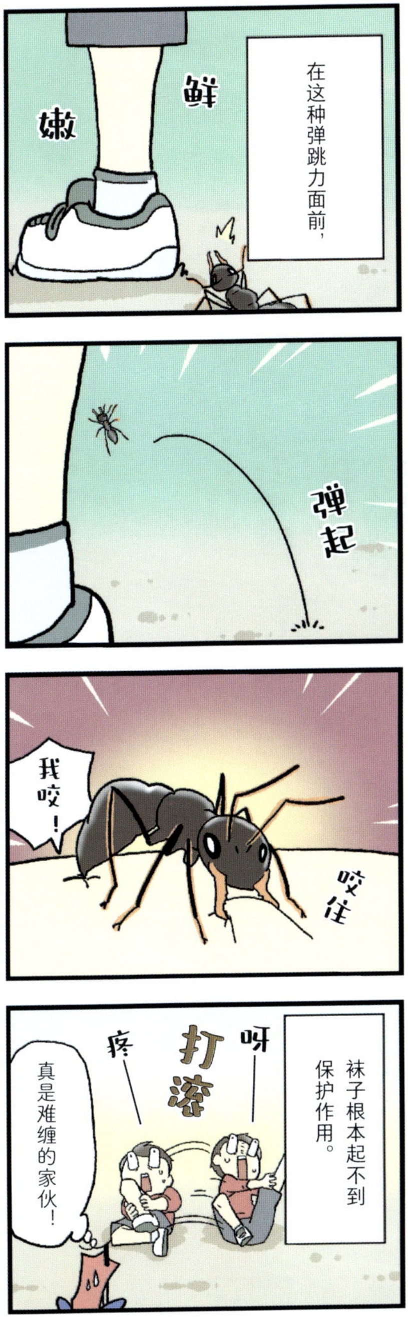

在这种弹跳力面前，
鲜
嫩
弹起
我咬！
咬住
袜子根本起不到保护作用。
呀
打滚
疼
真是难缠的家伙！

第二章 比较可怕的危险生物

小知识 斗牛犬蚁的栖息地会设置警示牌提醒人们小心不要被它咬到，以免出现过敏性休克。

危险的外来入侵物种

外来入侵物种，是指原本不在该地区生活，但因人类活动而来到该地区的物种。外来物种的入侵会威胁当地生态系统。不仅是自然界的生物，人类的农作物也会遭受损失，因此外来入侵物种逐渐成为一个危险而麻烦的问题。

北美浣熊

危险度

北美浣熊原本生活在北美洲地区，体长约41~60厘米，是夜行性动物，喜欢在夜晚出来觅食。北美浣熊是杂食性动物，小鱼、贝壳、果实、鸟蛋和其他小动物都是它的食物。北美浣熊经常被当作宠物饲养，但在饲养过程中，有的逃走了，有的被遗弃了，于是它们进入当地的自然环境中，破坏农作物的事件时有发生。有的北美浣熊甚至会躲在人类房屋的阁楼里生活。

防不胜防！危险生物

拟鳄龟

拟鳄龟又名小鳄龟，原本生活在北美洲，背甲长度可达 50 厘米，以小型动物、植物等为食。拟鳄龟一开始作为宠物被引入日本，但在饲养过程中，拟鳄龟的体形越来越大，不再适合饲养，因此许多拟鳄龟被遗弃在池塘和河流中。被放生的拟鳄龟最终将吃尽所在水域中的所有生物。拟鳄龟的咬合力很强，而且具有攻击性，会主动攻击人类。

危险度!!

档案 46

少棘蜈蚣

用巨大的颚部咬住猎物

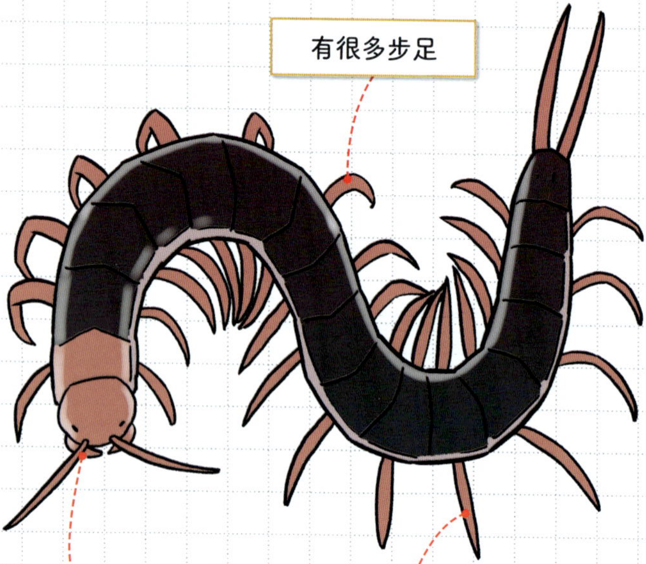
有很多步足
大颚发达且锋利
头部和步足呈赤红色

不仅外形恐怖，毒素也很可怕

少棘蜈蚣颚部锋利且发达有力，同时还藏有毒腺，一旦被它咬伤会产生剧痛，严重时会导致头疼、呼吸困难等。少棘蜈蚣有许多步足，它的外形让人不寒而栗。

小贴士

- 分类：蜈蚣科
- 体长：约 11~13 厘米
- 分布：东亚地区
- 危险：有毒的大颚

少棘蜈蚣一般藏身在
落叶之下。

各种颜色

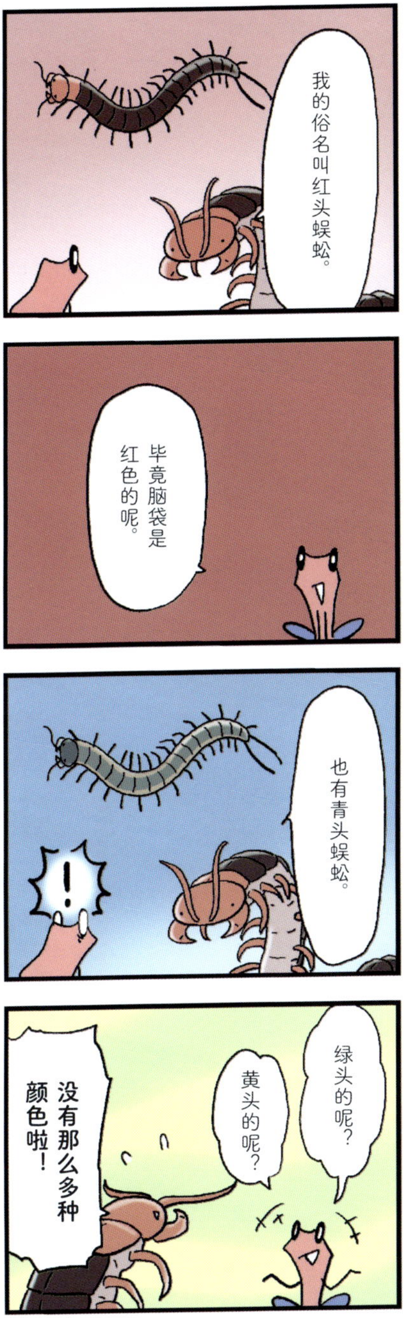
我的俗名叫红头蜈蚣。
毕竟脑袋是红色的呢。
也有青头蜈蚣。
!
绿头的呢？
黄头的呢？
没有那么多种颜色啦！

可怕

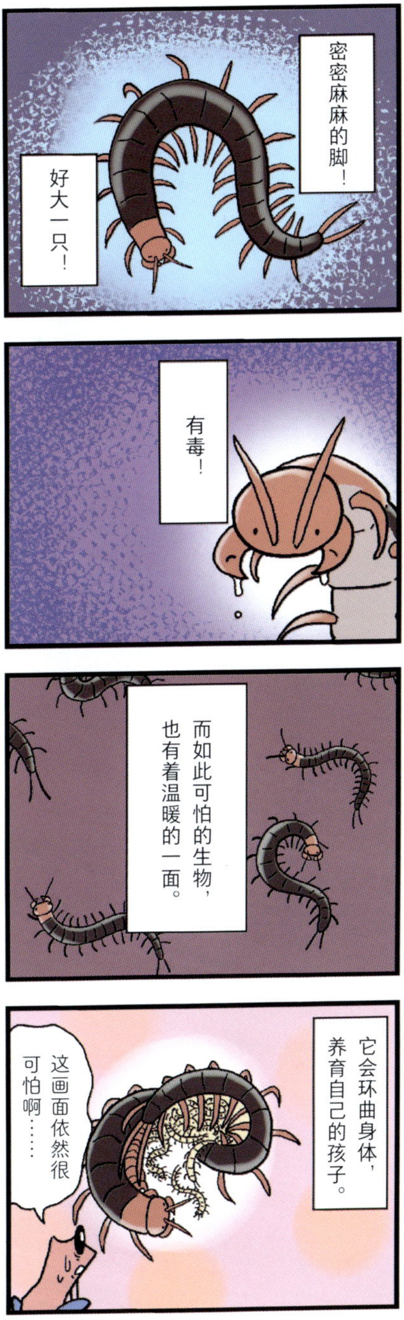
密密麻麻的脚！
好大一只！
有毒！
而如此可怕的生物，也有着温暖的一面。
它会环曲身体，养育自己的孩子。
这画面依然很可怕啊……

小知识 有时候它们会夹藏在晾晒的衣服里被带进家中，叠衣服的时候小心被它们咬伤。

危险度!!

档案 47

也许是世界上最毒的蜘蛛

悉尼漏斗网蜘蛛

巨大的颚部
有 8 条腿

小小的身体里藏着剧毒

悉尼漏斗网蜘蛛也许是世界上最危险的蜘蛛，它极具攻击性，且毒性强烈。悉尼漏斗网蜘蛛一旦感觉被威胁，就会抬高身体前部，露出毒牙的同时用第三对足跳跃。它们是夜行性动物，有时候会藏在人类房屋里。

小贴士

- 分类：六疣蛛总科
- 体长：约 1~5 厘米
- 分布：澳大利亚东部
- 危险：神经毒素

悉尼漏斗网蜘蛛以昆虫和其他蜘蛛为食。

为了什么

说起它的毒素，有一点很奇怪……
对人类来说致命的毒素，对某些动物（如鸟类）却不痛不痒。
嗯？
你是为了杀死人类而存在的吗？
我也不知道为什么会这样……

危险角色

悉尼漏斗网蜘蛛有着毒蜘蛛中最强的神经毒素。
我
咬
被它咬伤的话，会有生命危险……
悉尼漏斗网蜘蛛
就是这位……
在澳大利亚的悉尼，人们在居所里能看到它们的身影……
可怕……

小知识 在悉尼漏斗网蜘蛛的抗毒血清被发明出来（1981 年）之前，有很多人死于它的致命毒素。

第三章

有点可怕的危险生物

危险度

p.164
最强？最弱？

危险之处大发现！

p.146

海底也有毛毛虫吗?!

p.142

生活在水里的美丽拳击手

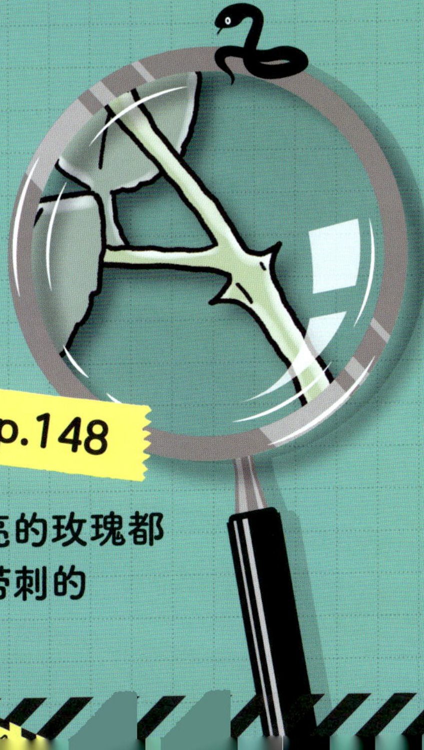

p.148

漂亮的玫瑰都是带刺的

危险生物 危险生物 危险生物 危险生物

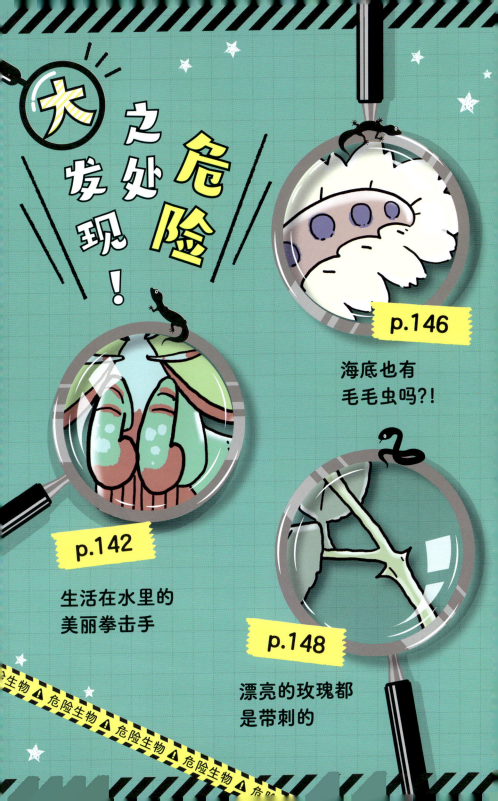

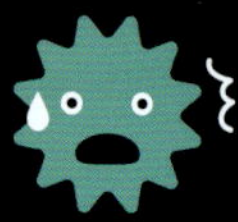
危险度！

档案 48

大自然的清洁工

黑鸢

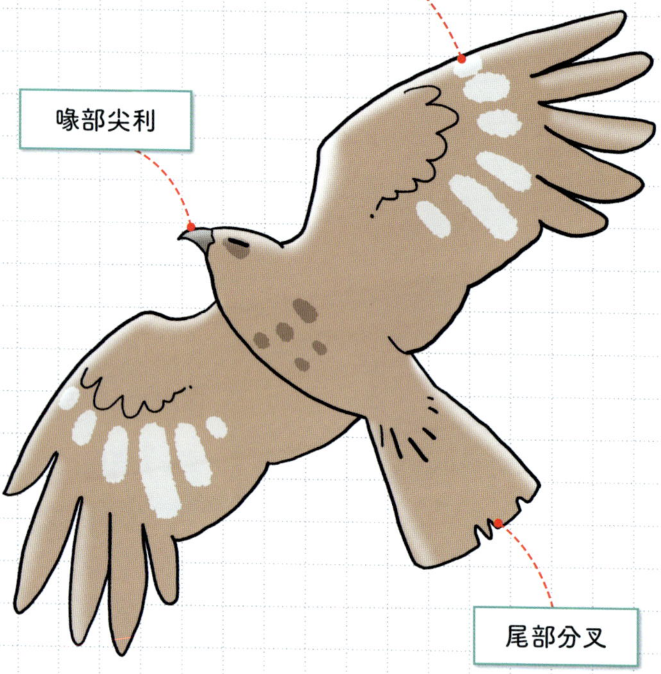
翼下有白色斑纹
喙部尖利
尾部分叉

在高空寻觅猎物

黑鸢是鹰的一种，是能够在高空中寻觅猎物的猛禽。有时它们还会抢走人类手上的食物。经常可以在渔港看到它们的身影，因为它们会捕食人类遗漏的鱼。在野外，黑鸢有时会以动物尸体为食，因此它们也被称作大自然的清洁工。

小贴士

- 分类：鹰科
- 体长：55~50 厘米，翼展 1.5~1.6 米
- 分布：亚欧大陆、非洲、澳大利亚
- 危险：喙部

它们只有在缺少食物时
才会吃死尸。

强盗

为什么你飞的时候几乎不需要挥动翅膀呢？
因为有上升气流托着我。
啊！发现食物！
视力也太好了吧！
哪儿？
哪儿？
咻
啊！
抓
我这么温驯，为什么大家认为我是危险生物呢？
好吃♡
因为你并不是无害的啊……

声音

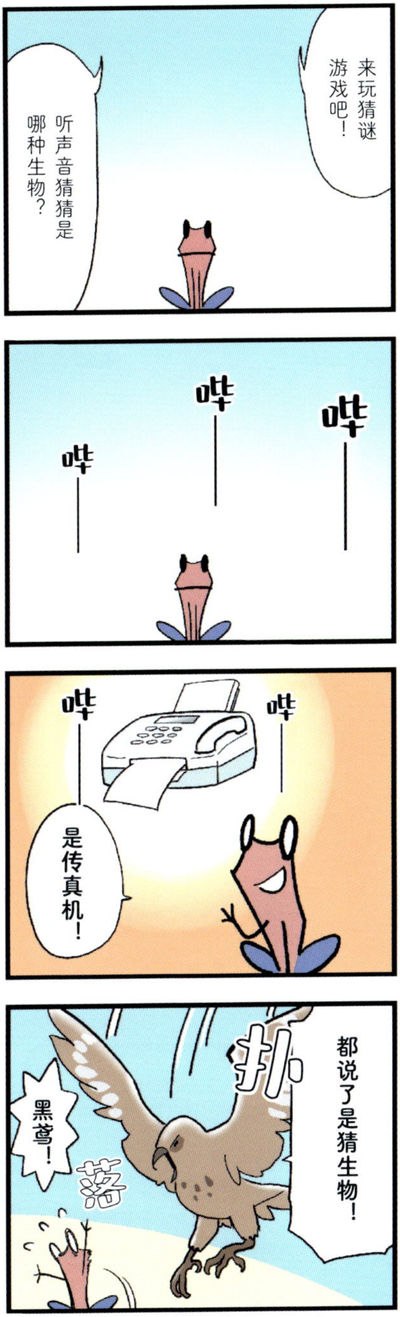
来玩猜谜游戏吧！
听声音猜猜是哪种生物？
哔——
哔——
哔——
哔——
哔——
是传真机！
都说了是猜生物！
扑
黑鸢！
落

小知识 如果去到山边，就有机会看到黑鸢随着上升气流在高空飞翔的身影。

危险度！

档案 49

在城市常常能见到

乌鸦

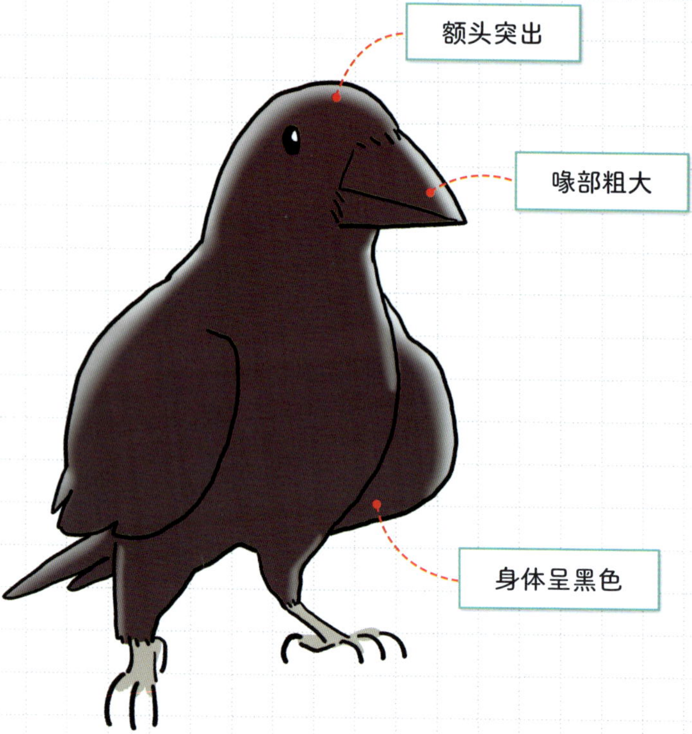
额头突出
喙部粗大
身体呈黑色

乌类中出名的高智商

乌鸦是城市中常常能见到的鸟类，属于杂食性动物。乌鸦的智商极高，它们甚至懂得将核桃从高空丢下，以打碎外壳吃核仁。同时乌鸦也十分记仇，会记住曾经戏弄欺负过它的人，然后无休止地实施报复。

小贴士

- 分类：鸦科
- 体长：约 57 厘米
- 分布：除南美洲、新西兰和南极洲外的世界各地
- 危险：喙部

乌鸦常成群出现，性格很凶悍哟。

记仇

看！青蛙！去捉来吃呀！
那个有毒吧？
之前有其他乌鸦吃了被毒死了。
真的吗？
那把它赶走吧！
嘎
你小子！快滚开！
嘎
乌鸦会牢牢记住敌人的长相。
啊！它看过来了！
？

聪明

咦，我记得这种瓶子里装的水甜甜的。
我记得好像是这样打开的。
这样，
这样……
太好了，打开啦！
对本大爷来说小菜一碟！
乌鸦非常聪明。
咻
咻
好喝♡
小口
小口

小知识 乌鸦会用衣架等人类的生活用品筑巢。

危险度！

档案 50

会分泌黏糊糊的毒液

蟾蜍

背部有许多疙瘩
耳后腺

从耳后腺分泌出白色毒液

蟾蜍待在岸上时皮肤很容易变得干燥，因此蟾蜍耳后部的耳后腺及身体上的皮脂腺会分泌出黏液来保护皮肤。这种黏液有毒，一旦进入人眼，或伤口接触到黏液，会有疼痛感。

小贴士

- 分类：蟾蜍科
- 体长：7~10 厘米[注]
- 分布：全世界
- 危险：有毒的黏液

如果接触到蟾蜍，记得
要洗手。

注 蟾蜍科有超过 300 个物种，此处数据为中国最为常见的中华蟾蜍的大小。

怎么做到的?

闻闻
嗅嗅
啃啃
咬咬
?
!
悠悠
晃晃
晕倒
咦？蟾蜍？
蹦
发生了什么？

真相

当我受到攻击时，
耳后腺
会从这里，
黏糊糊
分泌毒液。
我的毒液是直接从皮肤表面分泌。
我的毒液很珍贵，不能浪费。

小知识 虎斑游蛇是毒蛇，它的毒液来自被它吃掉的蟾蜍。

危险度！

档案 51

鳌足强劲有力

锯缘青蟹

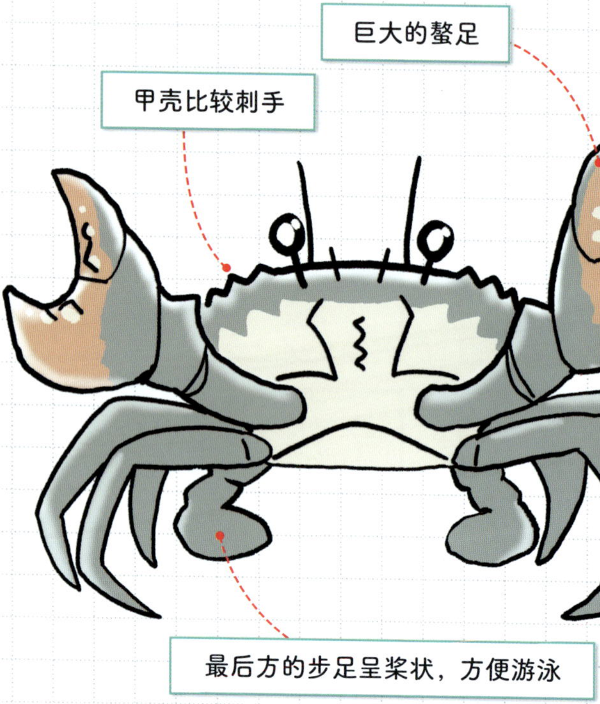
巨大的螯足
甲壳比较刺手
最后方的步足呈桨状，方便游泳

有力的螯足甚至可以夹碎贝壳

锯缘青蟹的体形较大，螯足大而有力。它的螯足力量甚至可以夹碎贝壳外壳。锯缘青蟹肉质鲜美，但甲壳尖锐刺手，有许多人在捕捉它们时受伤。

小贴士

- 分类：梭子蟹科
- 甲壳宽：约 20 厘米
- 分布：印度洋和西太平洋海域
- 危险：螯足、甲壳棘刺

它们白天穴居在洞穴内，
夜间出来觅食。

满满都是肉

螯足被紧紧绑住，
放到水产店里卖掉。
售卖中
毕竟我很好吃。
满满当当
螯足里满满都是肉呢……

强壮

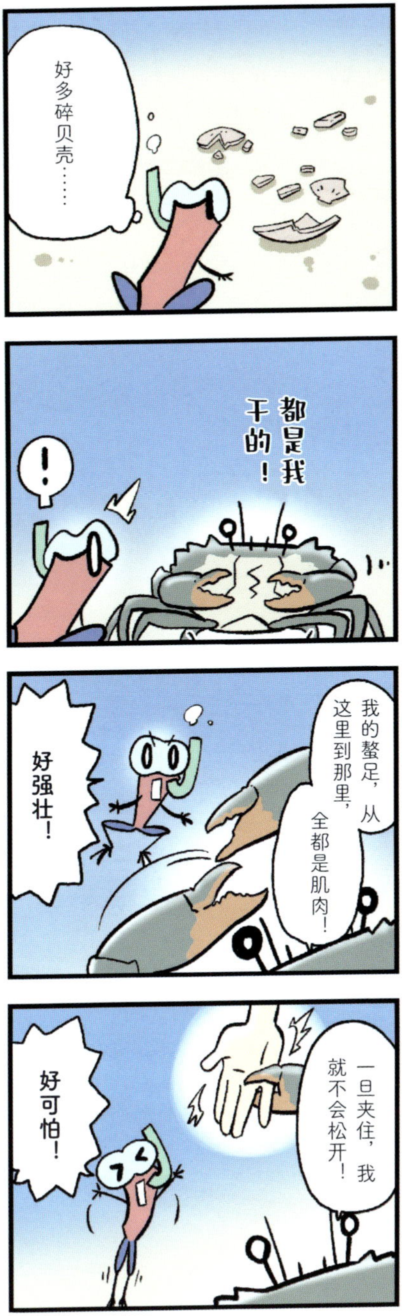
好多碎贝壳……
都是我干的！
!
我的螯足，从这里到那里，
全都是肌肉！
好强壮！
一旦夹住，我就不会松开！
好可怕！

小知识 梭子蟹科的生物都有力量强劲的螯足，一定要小心。

超强打击力

雀尾螳螂虾

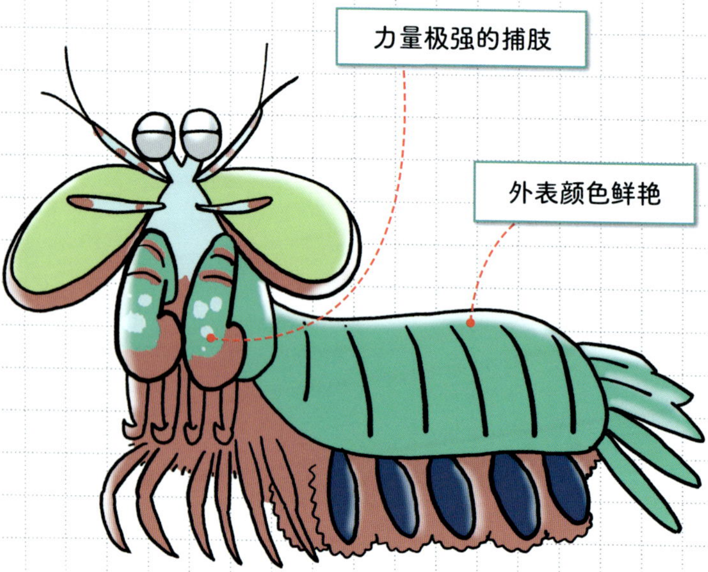
力量极强的捕肢
外表颜色鲜艳

强力的肘击甚至可以打破鱼缸的玻璃

雀尾螳螂虾的第二对颚足是捕肢，用来捕食和御敌。它可以利用捕肢弯曲部位的打击力，击碎贝壳的外壳，甚至可以击碎养殖水槽或鱼缸的玻璃。

小贴士

- 分类：齿指虾蛄科
- 体长：约 10 厘米
- 分布：印度洋和西太平洋海域
- 危险：捕肢

雀尾螳螂虾一般生活在珊瑚礁或岩礁的洞穴中。

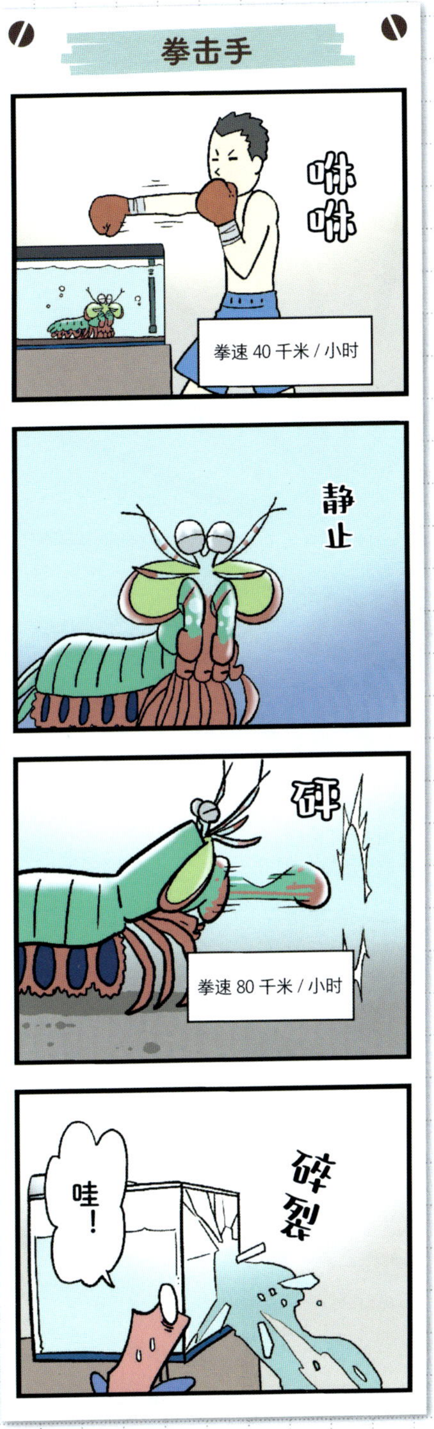
拳击手
咻咻
拳速 40 千米 / 小时
静止
砰
拳速 80 千米 / 小时
碎裂
哇！

小知识 齿指虾蛄科的生物有一部分会使用这种高速拳击来捕食，另一部分则是像螳螂一样用“镰刀”（捕捉足）来捕猎。

危险度！

档案 53

有着长长棘刺的海胆

刺冠海胆

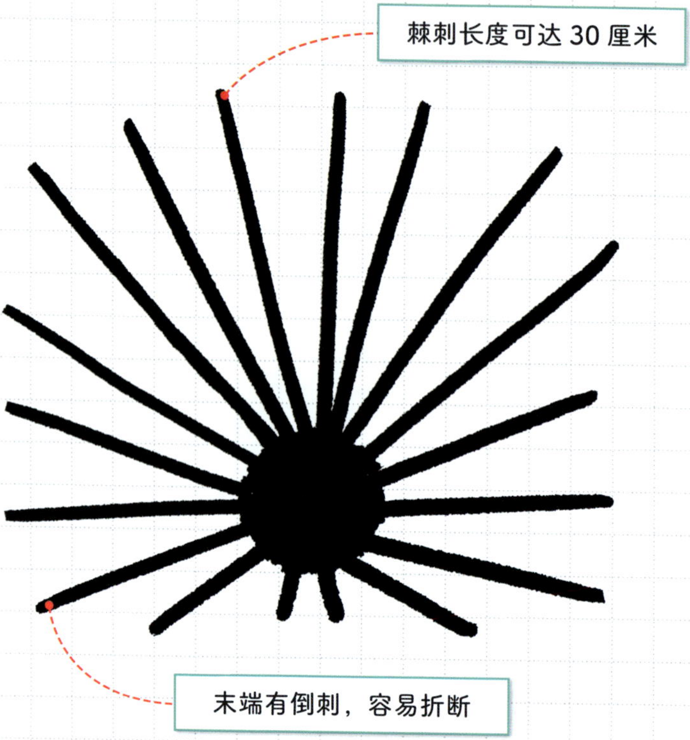
棘刺长度可达 30 厘米
末端有倒刺，容易折断

它的“武器”是细长易折的棘刺

刺冠海胆是一种有着细长棘刺的海胆，口器在身体下方，上方蓝色的部分是它的肛门。棘刺有毒，末端有倒刺且容易折断。一旦被棘刺刺中，很难从伤口里完全清理干净。

小贴士

- 分类：冠海胆科
- 身体直径：约 5~9 厘米
- 分布：印度洋、西太平洋及地中海区域
- 危险：棘刺

它们一般生活在浅水的岩滩和珊瑚礁附近。

不要再挥动了……

刺入
折断
刺中敌人了！
因为棘刺上有倒刺，所以很难拔出来。
接着注入毒素……
挥动
挥动
太棒了！击退敌人了！
挥
挥
挥
挥
不要挥了，真的很恶心！

大集合

是刺冠海胆！
这么多刺，没法靠近它呢。
挪动
蠕动
越来越多了。
防御力越来越强了！
挥动
挥动
不要挥动你们的棘刺，怪恶心的！

小知识 刺冠海胆能够感知光线，它们会将自己的棘刺对准敌人的影子。

危险度！

档案 54

有毒毛，是沙蚕的近亲

海毛虫

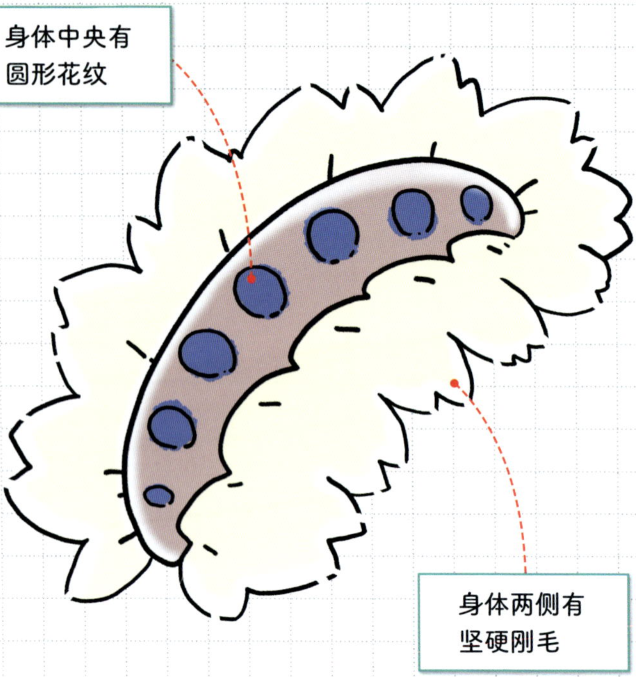
身体中央有
圆形花纹
身体两侧有
坚硬刚毛

大海里的毛毛虫？

海毛虫，是指生活在海里、外形像毛毛虫的生物。长在它们身体两侧的毛叫作刚毛。刚毛质地坚硬，有毒，人类接触后会有灼烧般的疼痛感。海毛虫平时生活在海底，有时也出现在傍晚时分的海面上。

小贴士

- 分类：仙虫科
- 体长：约 5~15 厘米
- 分布：印度洋、太平洋海域
- 危险：有毒刚毛

海毛虫生活在水深
5~100 米的海底。

误会

我的刚毛有毒。
随便乱摸的话，你的手会肿起来。
指
你果然是毛毛虫！
不要搞错了！
我是沙蚕的近亲……嘿嘿。
只会说这句……

毛毛虫

生活在海底，长得像毛毛虫，
它们是海毛虫。
像海粉丝注那样的命名方式呢……
遗憾的是，
我既不是飞蛾的幼虫也不是海兔，我是沙蚕的近亲。

注 海粉丝，指海兔的卵，看起来像粉丝。

小知识 海毛虫会吃海底刚死的生物的尸体。

危险度！

档案 55

漂亮的花儿都是带刺的

玫瑰

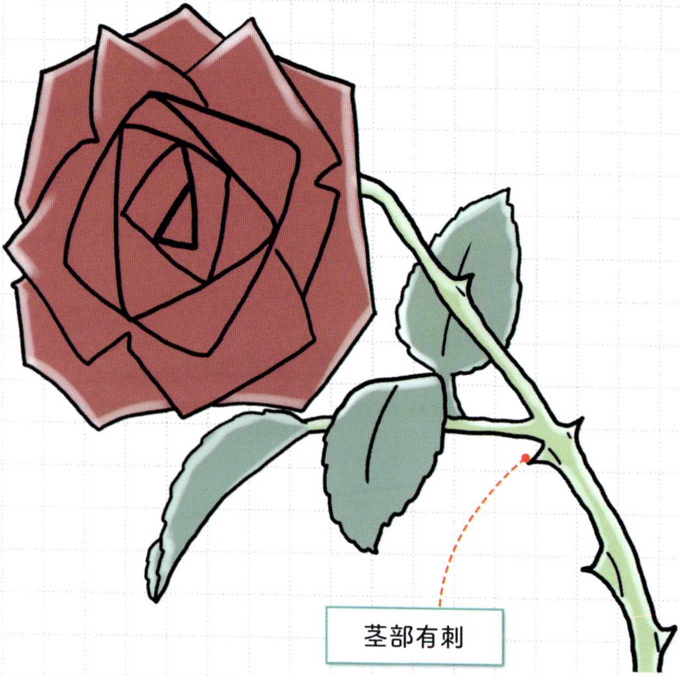
茎部有刺

小心有刺

玫瑰是家庭园艺和植物园里常见的美丽花朵，但是茎部有刺。随意摸玫瑰的话，可能被刺扎手。不过玫瑰的刺没有毒，被刺中也不用担心中毒。

小贴士

- 分类：蔷薇科
- 高：0.2~2 米
- 分布：原产于亚洲东北部地区，目前世界各地均有人工栽培
- 危险：棘刺

玫瑰也有许多品种哟。

受人喜爱

刺
我身上的刺能够保护我。
好痛！
虽然不能防止天敌对我的伤害……
嗷呜呜呜呜呜
虫
那这些刺有什么用？
我只知道……
尽管我满身尖刺，但依然被人们喜爱。
好美！
好漂亮！
生气

小知识 花店里卖的玫瑰多数是已经被店员去掉刺的。

专栏

不可以乱碰的植物

防不胜防！
危险生物轻图鉴

请勿触碰
危险度
啊！不小心碰到了漆树！
会发炎，起疹子……
不只是起疹子……
嗯？
火麻树
有的植物摸一下就有可能疼上好几年。
惊
有的植物碰一下甚至会危及生命呢……
新西兰木荨麻
吓死我了！

漆树科

很多人在接触漆树科植物时会出现皮疹，而且有时症状很严重。漆树科植物里含有的漆酚是导致皮疹的“元凶”。有些人哪怕只是从植物旁经过也会出疹子。同时，水果中的芒果是漆树科的一员，也有人食用芒果后出现皮疹。

危险度

会“咬人”的荨麻

新西兰木荨麻是一种多年生草本植物，高 40~80 厘米，多数生长在山区和荒地。茎和叶子的背面有细小的毛状刺，含有刺激性物质。如果被毛刺刺到，就会像被蜜蜂蜇了一样疼痛。产生的疼痛不是由过敏性物质引起的，而是由毛刺里的刺激性物质引起的。这种物质与蚂蚁体内的蚁酸是同一种成分，直接作用于神经，因此人会非常痛苦。

危险度

危险度！

档案 56

吸附在皮肤上的吸血鬼

山蛭

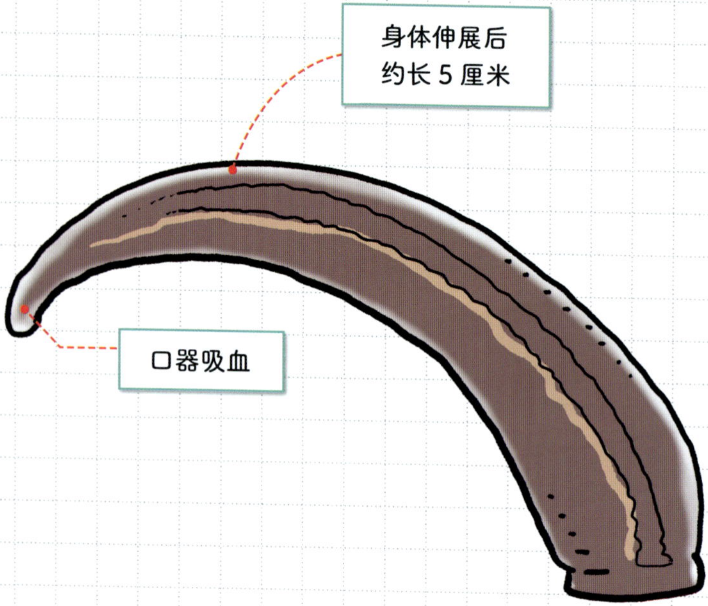
身体伸展后
约长 5 厘米
口器吸血

一旦被吸住就很难甩掉

山蛭经常出没于山里潮湿的落叶之下。当有动物靠近时，山蛭会吸住动物的皮肤并吸血。它们可以吸食约自身重量 10 倍的血液。它们有三个颚，每个颚有近 90 颗牙齿，一旦被吸住就非常难甩掉它们。

小贴士

- 分类：山蛭科
- 体长：约 2~3 厘米
- 分布：亚洲热带和亚热带地区
- 危险：吸血

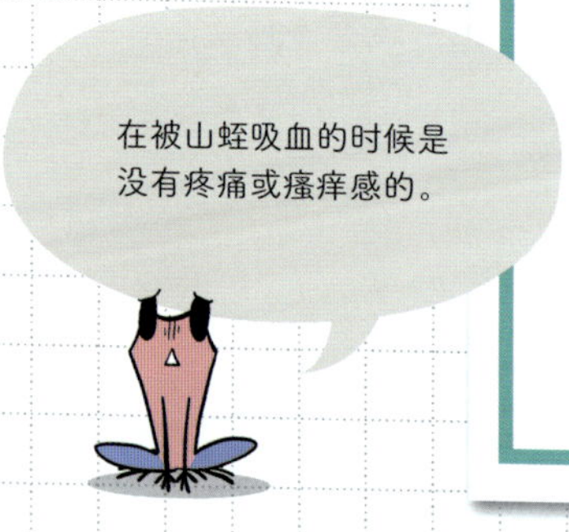
在被山蛭吸血的时候是
没有疼痛或瘙痒感的。

密集

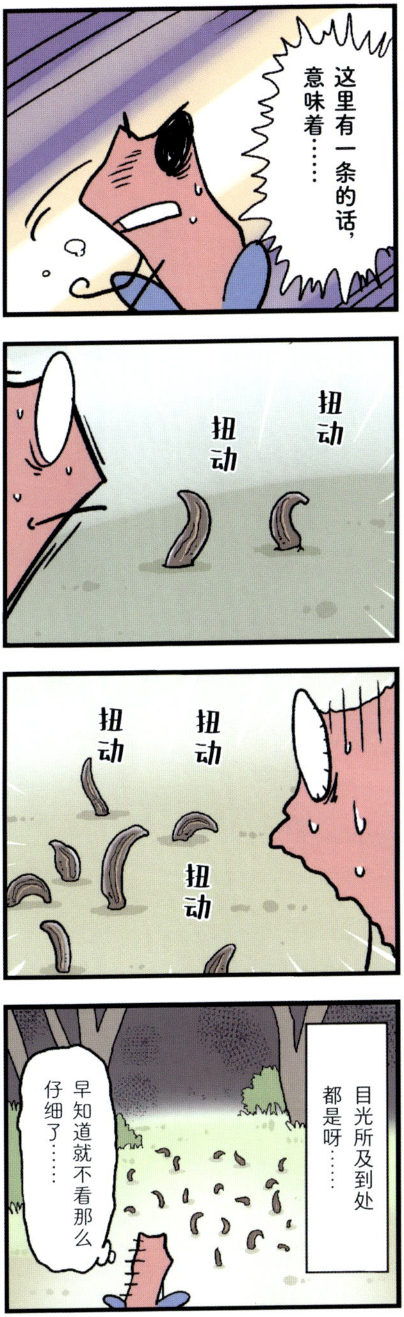
这里有一条的话，
意味着……
扭动
扭动
扭动
扭动
扭动
目光所及到处都是呀……
早知道就不看那么仔细了……

埋伏

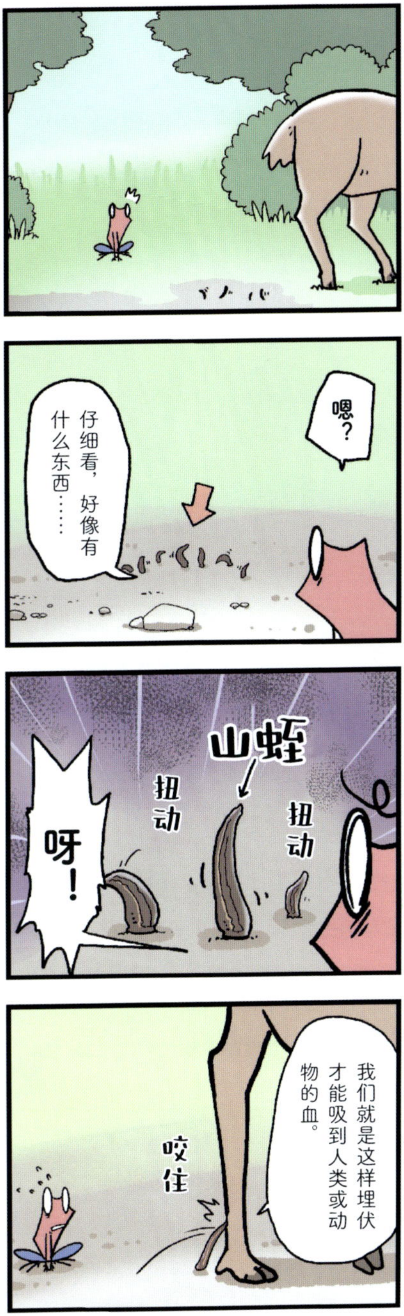
嗯？
仔细看，好像有什么东西……
山蛭
扭动
扭动
呀！
我们就是这样埋伏才能吸到人类或动物的血。
咬住

小知识 山蛭吸血时，会分泌一种叫作水蛭素的物质，使伤口处的血液无法凝固。

危险度！

档案 57

蜘蛛中的大个子

捕鸟蛛

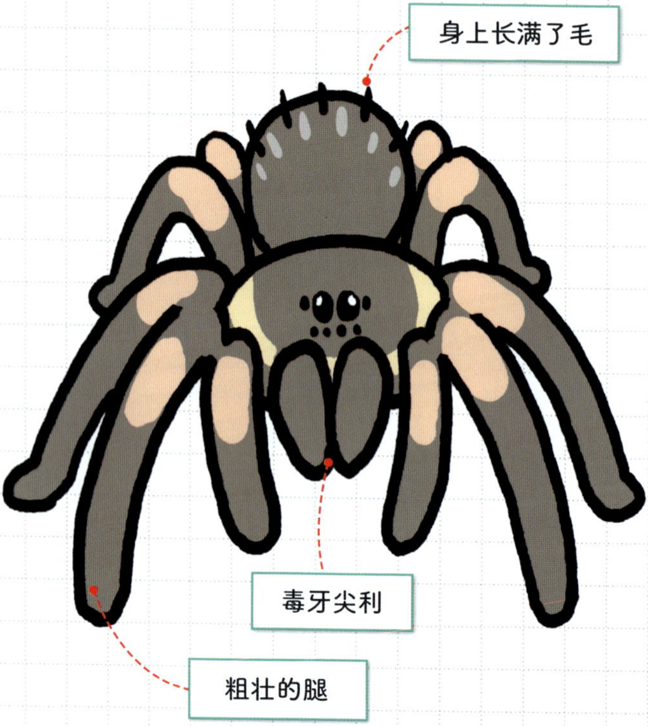
身上长满了毛
毒牙尖利
粗壮的腿

尖利的毒牙是捕鸟蛛的武器

捕鸟蛛是肉食动物，因靠捕鸟为食而得名，但是它的食物并不仅限于鸟类，青蛙、蜥蜴、昆虫等都是其猎物。它有着尖利的毒牙，能在咬伤猎物后将其麻痹。它的毒性虽然不强，人被咬伤后不会死亡，但是仍然会产生剧痛。

小贴士

- 分类：捕鸟蛛科
- 体长：可达 10 厘米
- 分布：热带及亚热带地区
- 危险：毒牙

有些毒蜘蛛会四处乱撒毒毛。

爱美

有些物种的颜色非常艳丽。
这个颜色是不是很好看？
好看！
从后面看肯定也很好看。
嗯？
再让我看看后面吧。
讨厌！
有什么关系嘛……
不，许，看！
光秃秃
屁股上的毛射光了，所以后面是秃的。

毛

尖利的牙齿，
有毒！
我的绝招不止这些。
哼哼
还有什么呢？
转身
？
我会发射屁股上的毛！
唰唰唰
唰唰唰
唰唰唰
哇！好痒！
好痛！

小知识 捕鸟蛛是热门的宠物。

危险度！

档案 58

小小吸血鬼

蜱虫

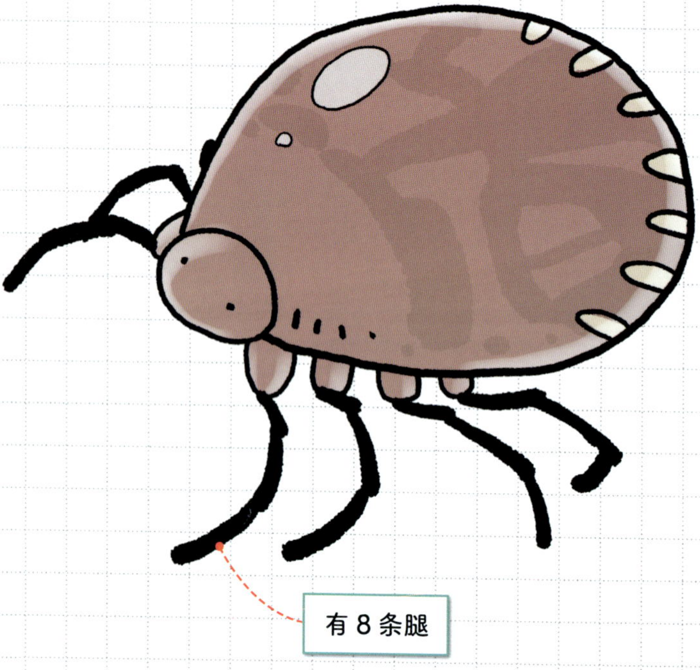
有 8 条腿

吸血量可达体重的数百倍

蜱虫会用剪刀一样的口器咬破动物的皮肤，伸入伤口并吸血，吸血的时间有时长达数日。蜱虫可以吸入相当于自身体重数百倍的血。同时它还是多种疾病的传染源，大家千万注意不要被蜱虫咬到。

小贴士

- 分类：蜱总科
- 体长：2 毫米（吸血前）~10 毫米（吸血后）
- 分布：全世界
- 危险：吸血

蜱虫也会吸人的血哟。

风险

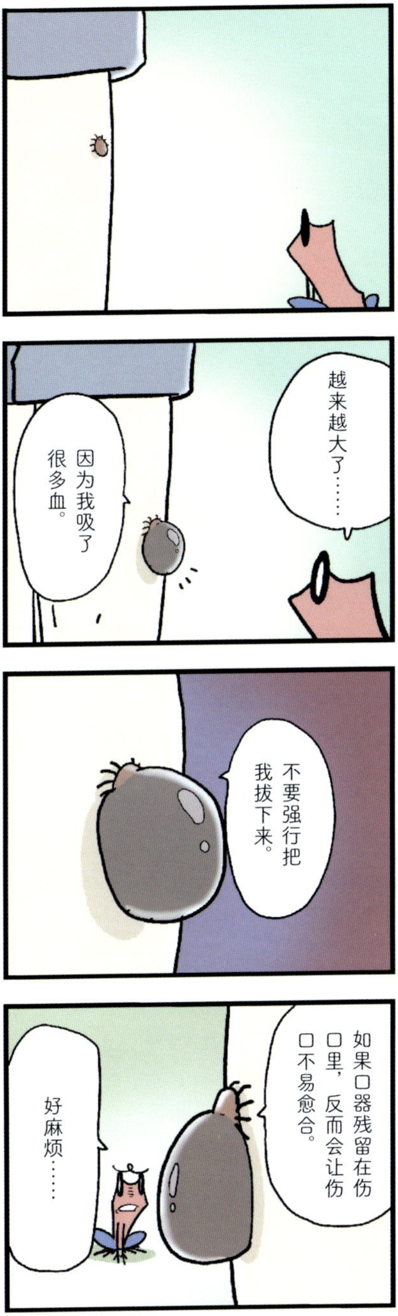
越来越大了……
因为我吸了很多血。
不要强行把我拔下来。
如果口器残留在伤口里，反而会让伤口不易愈合。
好麻烦……

小知识 为了不被蜱虫叮咬，去草丛等地方时记得穿上长袖长裤。

有毒毛的飞蛾

茶黄毒蛾

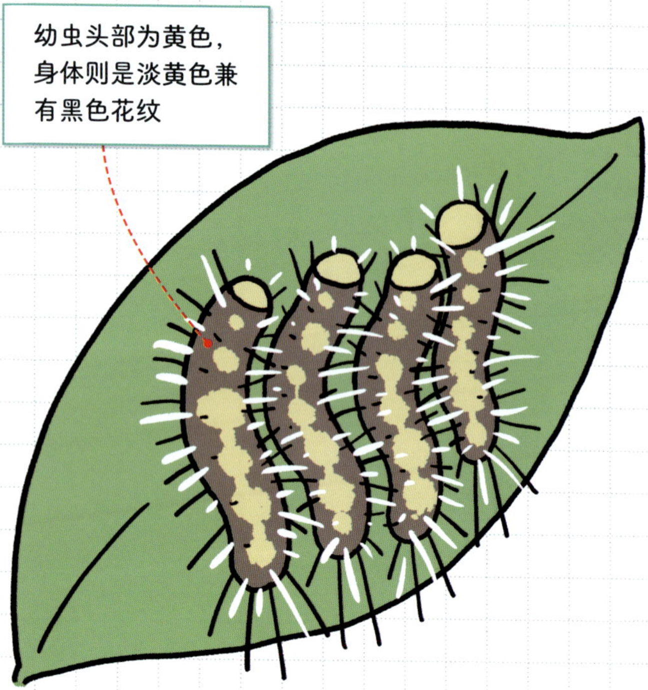
幼虫头部为黄色，身体则是淡黄色兼有黑色花纹

幼虫和成虫都有毒

茶黄毒蛾不论幼虫还是成虫都长有一种叫作毒针毛的毛，即便是产下的卵也带有有毒的茸毛。人的皮肤接触到毒毛会发炎起疹。

小贴士

- 分类：毒蛾科
- 体长：24~35 毫米
- 分布：亚洲东部地区
- 危险：毒毛

茧也长有毒毛。

起风了

呼
呼
风中有好多毛飘来飘去啊。
那是我们的毛，从身体上脱落了。
原来如此。
好心提醒你，我们的毛是有毒的。
呼呼呼呼
赶紧去上风口！

团结

哇！
叶子上长毛了！
我们是茶黄毒蛾的幼虫。
扭动
扭动
扭动
不要这么整齐地扭动啦，怪恶心的！
我不想靠近你们！
呀
扭动
扭动
扭动
我们也不想你靠近呢。

小知识 如果被毒毛刺到了，可以用胶带将附着在皮肤上的毛粘掉。

危险度！

档案 60

成群结队啃食粮食的罪魁祸首

沙漠蝗虫

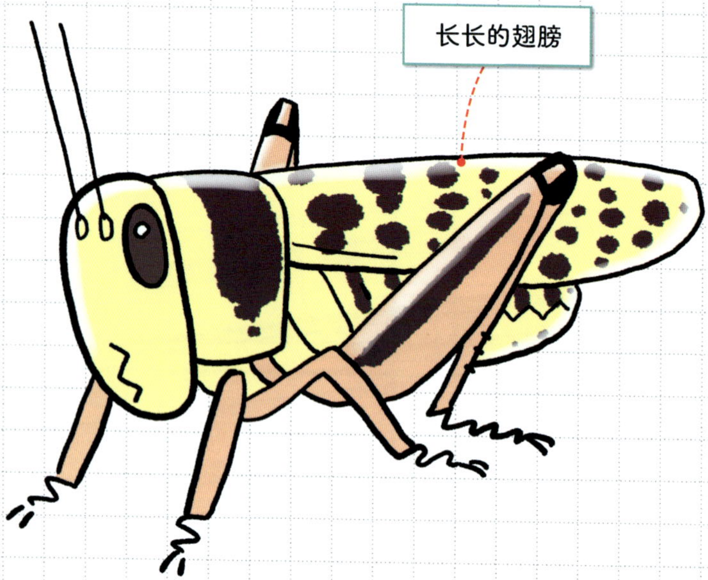
长长的翅膀

它们会一边移动，一边将所到之处的植物啃食殆尽

沙漠蝗虫如果在幼虫期就有着高生物密度，就会突变成有着黄色身躯、长长的翅膀、善于飞行的群居生态相。群居群体可达百万级别，迁徙路程可超过 100 千米，并将沿途的农作物啃食殆尽。沙漠蝗虫能以任何植物为食，它们经常带来严重的粮食安全问题。

小贴士

- 分类：斑腿蝗科
- 体长：40~60 毫米
- 分布：西非至印度北部
- 危险：粮食安全

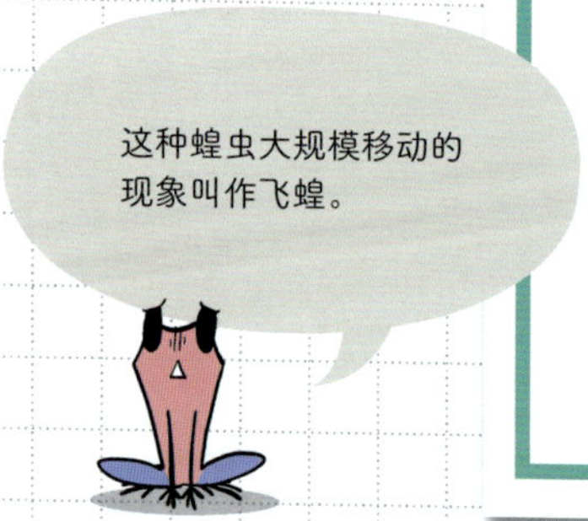
这种蝗虫大规模移动的
现象叫作飞蝗。

数量惊人

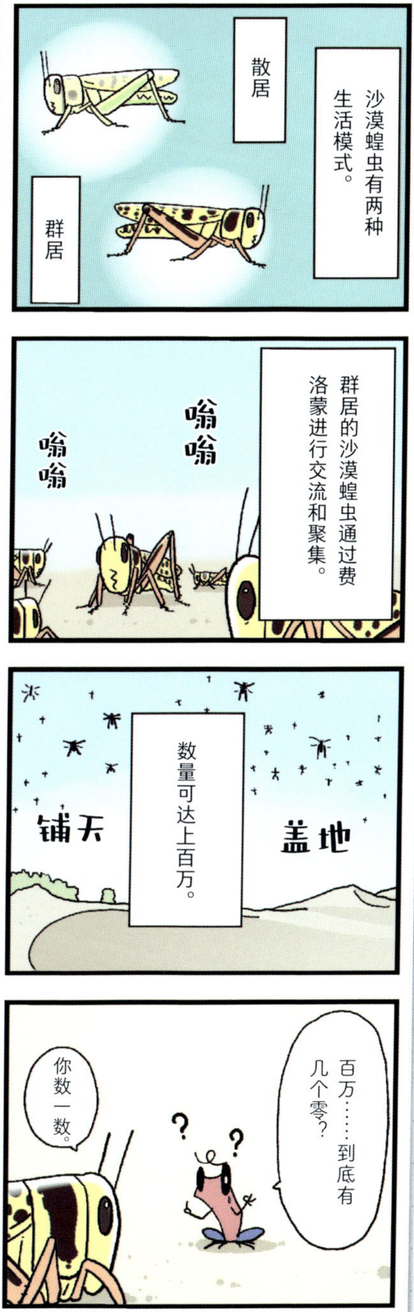
沙漠蝗虫有两种生活模式。
散居
群居
群居的沙漠蝗虫通过费洛蒙进行交流和聚集。
嗡嗡
嗡嗡
数量可达上百万。
铺天
盖地
百万……到底有几个零？
你数一数。
？
？

天灾

沙漠蝗虫一边大规模集体移动，
一边将沿途农作物全部吃掉。
玉米
水果
甘蔗
青菜
水稻
牧草
嗡
嗡
嗡
嗡
大地变得一片荒芜。
这是灾害啊……

小知识 由于蝗虫大规模移动会将沿途的植物啃食殆尽，所以常常会引发饥荒问题。

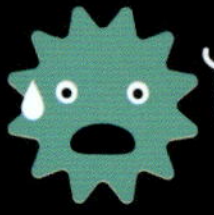

危险度！

档案 61

体液有毒

毒隐翅虫

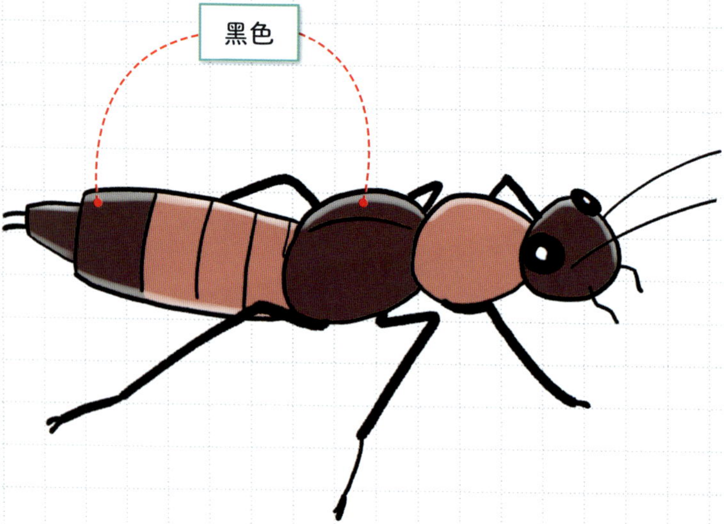
黑色

它是毒虫，不要乱摸

毒隐翅虫和蚂蚁长得较为相似，其体液有毒，接触到人的皮肤会引起灼伤。如果发现它爬到身上了，千万不要拍打，小心将其抖落即可。

小贴士

- 分类：隐翅虫科
- 体长：约 6.5~7 毫米
- 分布：全世界
- 危险：毒液

它们常常生活在水田和池塘周边的草地里。

烧伤

呀！烧伤了！
什么时候烧伤的?!
那不是烧伤。
嗯？
皮肤接触到我的体液以后，就会像那样起水泡。
呀
刚刚我的朋友停在他手上……
啪
拍
这样啊……
啊！

不能吃

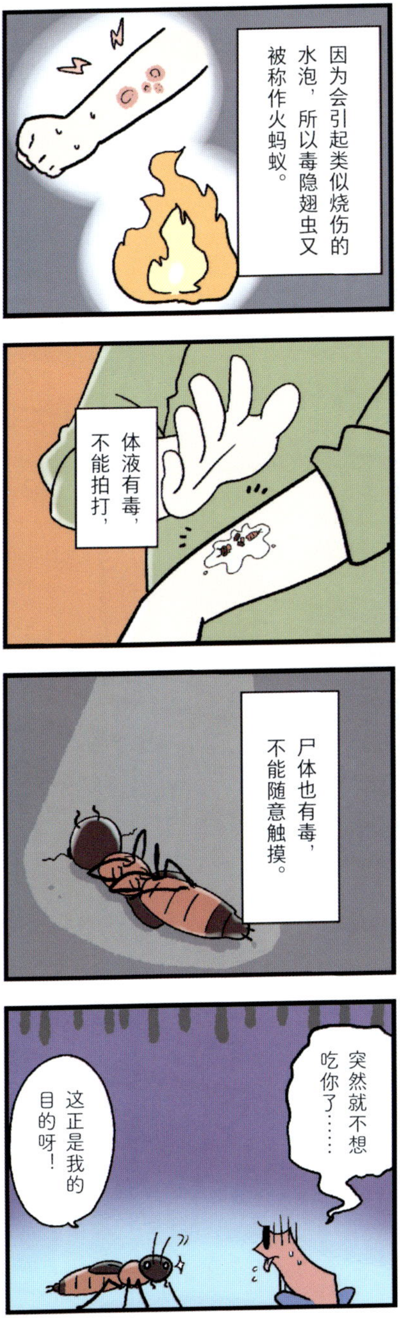
因为会引起类似烧伤的水泡，所以毒隐翅虫又被称作火蚂蚁。
体液有毒，不能拍打，
尸体也有毒，不能随意触摸。
突然就不想吃你了……
这正是我的目的呀！

小知识 隐翅虫的毒素来源于其体液。

危险度！

档案 62

对人类威胁很大

蚊子

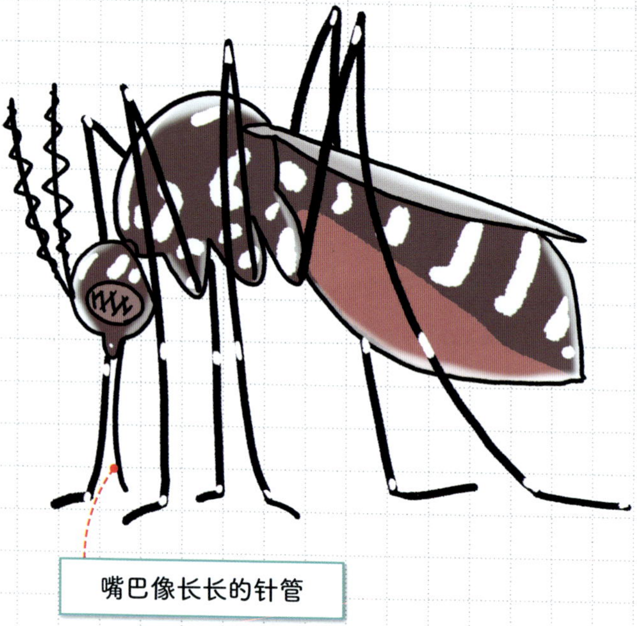
嘴巴像长长的针管

可怕的不是蚊子，而是它携带的病毒

产卵期的雌虫会吸血，而且会导致皮肤瘙痒，因此蚊子格外令人讨厌。然而，蚊子对人类最大的威胁，是它会传播多种疾病。死于蚊子传播的疾病的人，远远多过死于猛兽攻击的人。

小贴士

- 分类：蚊科
- 体长：约 4.5~5.5 毫米
- 分布：除南极洲以外的全世界
- 危险：吸血、传播疾病

蚊子会传播流行性乙型脑炎
和登革热等急性传染病。

第二名

明明没有毒素，也没有獠牙，蚊子却是世界上杀人最多的生物。
那你猜猜第二名是谁呢？
不知道。
据说是人类。
该怎么说呢……

杀人凶手

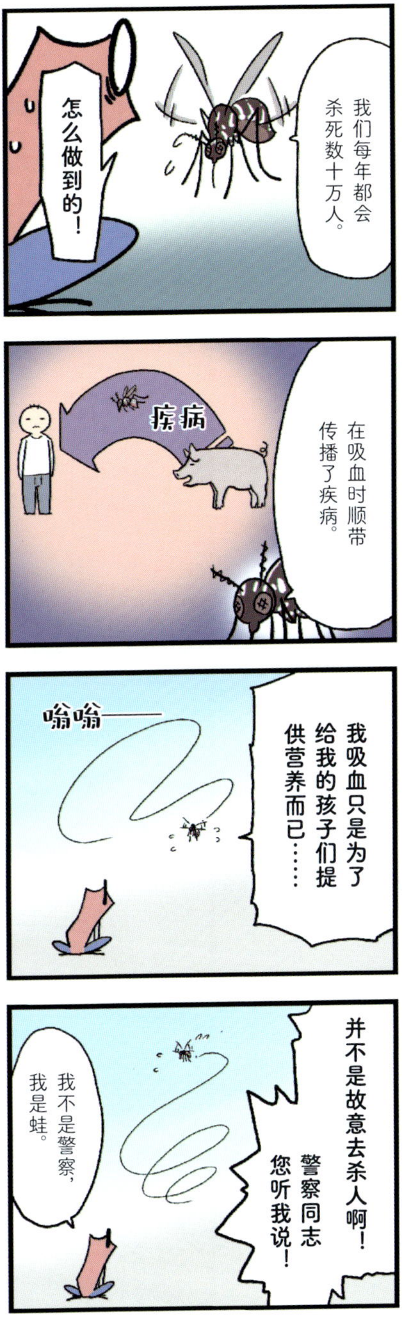
我们每年都会杀死数十万人。
怎么做到的！
在吸血时顺带传播了疾病。
疾病
嗡嗡——
我吸血只是为了给我的孩子们提供营养而已……
并不是故意去杀人啊！
警察同志您听我说！
我不是警察，我是蛙。

小知识 疟疾是一种以蚊子为传播媒介的疾病，每年会夺走上百万人的生命。

专栏

通过生物传播的疾病

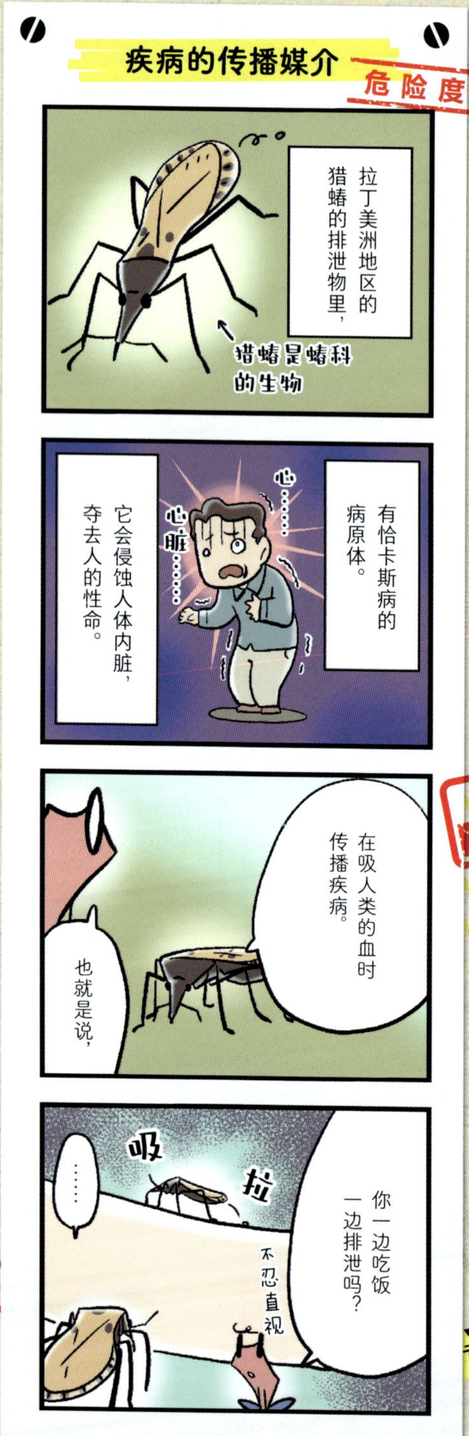

疾病的传播媒介
危险度
拉丁美洲地区的猎蝽的排泄物里，
猎蝽是蝽科的生物
有恰卡斯病的病原体。
心……
心脏……
它会侵蚀人体内脏，夺去人的性命。
在吸人类的血时传播疾病。
也就是说，
你一边吃饭一边排泄吗？
不忍直视
拉
吸
……

防不胜防!
危险生物轻图鉴

流行性乙型脑炎

流行性乙型脑炎的传播方式是蚊子吸食携带该病毒的猪的血液后，叮咬人类的同时把病毒传染给人类。疫苗能有效预防流行性乙型脑炎。人类感染后，5~15 天内可能会突然出现发烧、头痛、嗜睡、恶心、腹痛和腹泻等症状，4~5 天后体温升至最高，症状恶化的话可能会在一周内丧命。流行性乙型脑炎无法在人与人之间直接传播，只能通过蚊子传播。

危险度

包虫病

寄生虫的虫卵随犬科动物的粪便排入水中，人如果喝了被污染的水就会生病。包虫病患者中，成人需要 10 年以上的时间才会出现症状，儿童的话会更早出现症状。这种寄生虫生活在人的肝脏、肾脏和肺部，并缓慢扩散至身体其他部位。随着疾病的发展，人会逐渐出现肝脏肿大、腹痛、贫血、发烧和腹水等症状。

危险度

昆虫、蜘蛛和其他节肢动物

其他无脊椎动物

植物·菌类

分类介绍

注：此处分类采用了两种命名法，分别是日常生活中惯用的生物俗称（括号外）和生物分类学角度的类群正名（括号内）。

Yuruyuru Kikebseibutsu Zukan
©Gakken
First published in Japan 2018 by Gakken Plus Co., Ltd., Tokyo
Chinese Simplified character translation rights arranged with Gakken Plus Co., Ltd.
本书中文简体字翻译版由广州天闻角川动漫有限公司出品并由湖南少年儿童出版社出版。

图书在版编目（CIP）数据

防不胜防：危险生物轻图鉴 / (日)加藤英明编 ; (日) 佐野翔绘 ; 黄劲峰译. 一长沙 : 湖南少年儿童出版社,2024.3
ISBN 978-7-5562-7120-7

Ⅰ.①防… Ⅱ.①加… ②佐… ③黄… Ⅲ.①生物－图集 Ⅳ.①Q-64

中国国家版本馆CIP数据核字(2023)第121355号

FANGBUSHENGFANG: WEIXIAN SHENGWU QING TUJIAN

防不胜防
危险生物轻图鉴

[日]加藤英明 编 [日]佐野翔 绘 黄劲峰 译

责任编辑：罗柳娟 尚同乐
特约编辑：易 莎 张 雁 王嘉敏
装帧设计：曾 妮
策划出品：小天角 Tian Jiao Kids
特约审校：李一凡

出 版 人：刘星保
出 版：湖南少年儿童出版社
地 址：湖南省长沙市晚报大道89号
邮 编：410016
电 话：0731-82196320
常年法律顾问：湖南崇民律师事务所 柳成柱律师
经 销：新华书店
字 数：25千
印 刷：广州一龙印刷有限公司
开 本：890 mm × 1270 mm 1/32
印 张：5.75
版 次：2024年3月第1版
印 次：2024年3月第1次印刷
书 号：ISBN 978-7-5562-7120-7
定 价：49.00元

本书如有印装质量问题，请与广州天闻角川动漫有限公司联系调换。
联系地址：中国广州市黄埔大道中 309 号 羊城创意产业园 3-07C
电话：(020) 38031253 传真：(020) 38031252
广州天闻角川动漫有限公司常年法律顾问：北京盈科（广州）律师事务所